Kohlhammer

Florentin von Kaufmann
Falko Schmid

Hochhausbrandbekämpfung

2., aktualisierte Auflage

Verlag W. Kohlhammer

Dieses Werk einschließlich aller seiner Teile ist urheberrechtlich geschützt. Jede Verwendung außerhalb der engen Grenzen des Urheberrechts ist ohne Zustimmung des Verlags unzulässig und strafbar. Das gilt insbesondere für Vervielfältigungen, Übersetzungen, Mikroverfilmungen und für die Einspeicherung und Verarbeitung in elektronischen Systemen.
Die Wiedergabe von Warenbezeichnungen, Handelsnamen und sonstigen Kennzeichen in diesem Buch berechtigt nicht zu der Annahme, dass diese von jedermann frei benutzt werden dürfen. Vielmehr kann es sich auch dann um eingetragene Warenzeichen oder sonstige geschützte Kennzeichen handeln, wenn sie nicht eigens als solche gekennzeichnet sind.

Wichtiger Hinweis
Die Verfasser haben größte Mühe darauf verwendet, dass die Angaben und Anweisungen dem jeweiligen Wissensstand bei Fertigstellung des Werkes entsprechen. Weil sich jedoch die technische Entwicklung sowie Normen und Vorschriften ständig im Fluss befinden, sind Fehler nicht vollständig auszuschließen. Daher übernehmen die Autoren und der Verlag für die im Buch enthaltenen Angaben und Anweisungen keine Gewähr.

2., aktualisierte Auflage 2019

Alle Rechte vorbehalten
© W. Kohlhammer GmbH, Stuttgart
Umschlagbild: Feuerwehr Erlangen
Gesamtherstellung: W. Kohlhammer GmbH, Stuttgart

Print:
ISBN 978-3-17-035405-0

E-Book-Formate:
pdf: ISBN 978-3-17-035407-4
epub: ISBN 978-3-17-035408-1
mobi: ISBN 978-3-17-035409-8

Für den Inhalt abgedruckter oder verlinkter Websites ist ausschließlich der jeweilige Betreiber verantwortlich. Die W. Kohlhammer GmbH hat keinen Einfluss auf die verknüpften Seiten und übernimmt hierfür keinerlei Haftung.

Vorwort zur zweiten Auflage

Warum schreiben ein Polizist und ein Feuerwehrmann ein Buch, das ein originäres und spezielles Feuerwehrthema behandelt – die Brandbekämpfung in Hochhäusern?

Bei Hochhausbränden handelt es sich um Brände in komplexen Gebäuden. Die Arbeit der Polizei ist bei einem Wohnungsbrand oder einem kleineren Feuer in einem Hochhaus meist überschaubar. Allerdings gehen viele Szenarien und Konzepte von ausgedehnten Bränden in Hochhäusern aus, in denen – je nach Größe und Art der Nutzung – mehrere hundert bis zu mehrere tausend Menschen leben bzw. arbeiten und die auch eigens an Verkehrsknotenpunkte angebunden sind. Diese Tatsache erfordert ein ganz anderes Einbeziehen der Polizei, da sich ein Feuer dann auch auf das weite Umfeld auswirkt, besonders in eng bebauten Ballungszentren wie beispielsweise München, Berlin, Frankfurt oder Hamburg. Hier liegt es in der Verantwortung des Einsatzleiters der Feuerwehr, eine enge Verbindung zum Einsatzleiter der Polizei zu halten, die Potenziale der Polizei zu nutzen und die jeweiligen Maßnahmen aufeinander abzustimmen. Mit dieser Erkenntnis wurde in München von Anfang an ein Angehöriger des Polizeipräsidiums mit in die Arbeitsgruppe »Hochhausbrandbekämpfung« integriert, obwohl die Einsatzleitung bei einem Hochhausbrand in München eindeutig bei der Feuerwehr liegt.

Das vorliegende Buch ist nicht nur für Feuerwehrangehörige gedacht, sondern auch für polizeiliche Führungskräfte und natürlich auch für Architekten oder Bauingenieure, die Hochhäuser entwerfen und planen. Forderungen aus der Musterhochhausrichtlinie sollen hier verständlich, mit entsprechendem Praxisbezug, aufgezeigt und erläutert werden. Dabei haben die Autoren bewusst auch »über den Tellerrand hinaus« geblickt. Die Maßnahmen, welche in den ausführlich dargestellten Beispielen von der jeweiligen Feuerwehr getroffen wurden, haben oft auch die Konzepte deutscher Feuerwehren beeinflusst. Oft wurden Maßnahmen getroffen, die sich im Nachhinein als Fehler herausgestellt haben und manchmal auch ein Kopfschütteln beim Leser verursachen werden. Die Einsatzbeispiele sollen in erster Linie darstellen, wie bestimmte Maßnahmen zu bestimmten Ergebnissen geführt haben und welche Folgen das Führungshandeln hatte.

Vorwort zur zweiten Auflage

Die Beschäftigung mit den Einsatzbeispielen soll dem Leser die Dimensionen taktischen Denkens und handwerklichen Tuns eröffnen. Das Buch soll ferner den Zugang zu einer realitätsnahen Ausbildung der Führungskräfte und der Mannschaften ermöglichen und ein Bewusstsein für das Thema – auch bei der Planung von Gebäuden und Gefahrenabwehrstrategien – schaffen.

Florentin von Kaufmann
Falko Schmid

Danksagung

An dieser Stelle möchten wir uns bei allen bedanken, die dieses Buch möglich gemacht haben. Neben unseren Ehefrauen, Katharina von Kaufmann und Beate Kamm, die mit viel Verständnis auf gemeinsame Freizeit verzichtet haben, sind es besonders Brandinspektor Peter Grünwald von der Berufsfeuerwehr München, der mit viel Engagement die Grafiken überarbeitet und verbessert hat, der Präsident des Bayerischen Landeskriminalamtes, Robert Heimberger, der seinem Mitarbeiter den nötigen Freiraum zur Mitarbeit an der Konzeption ließ und Herr Franz Gerhardinger vom Institut für Arbeitsmedizin der Universität München, der die praktischen Studien durch die medizinische Betreuung der Probanden hervorragend unterstützt hat. Viel Unterstützung haben wir bei einem Einsatzbeispiel auch von der Berufsfeuerwehr Stuttgart bekommen, hier ist besonders Herr Wilfried Hachtel hervorzuheben.

Inhaltsverzeichnis

Vorwort zur zweiten Auflage **5**

Danksagung **7**

1 Einleitung **13**

2 Das Hochhaus – keine aktuelle Erfindung **17**
    2.1 Entwurfsgesichtspunkte 20
    2.2 Konstruktion von Hochhäusern 21
    2.2.1 Stahlskelettbauweise 21
    2.2.2 Konstruktionen aus Beton 22
    2.2.3 Lastabtrag 22
    2.2.4 Kernbauweise 23
    2.2.5 Fassadengestaltung 25
    2.2.6 Fertigteilbau 26
    2.3 Soziale Aspekte 26
    2.3.1 Sozialer Brennpunkt Hochhaus 26
    2.3.2 Akzeptanz von Hochhäusern in der Gesellschaft 28

3 Baulicher und technischer Brandschutz **30**
    3.1 Einsatzbeispiel: Brand des Grenfell Tower 2017 30
    3.2 Schutzziel 34
    3.3 Bauteile 35
    3.4 Rettungswege 36
    3.4.1 Außenliegende Treppenräume 36
    3.4.2 Sicherheitstreppenraum 38
    3.4.3 Einsatzbeispiel Schwanthalerstraße 113 41
    3.5 Rauchfreihaltung und Entrauchung durch Gebäudetechnik 49
    3.6 Notwendige Flure 51
    3.7 Aufzüge 51
    3.8 Sprinkleranlagen 55
    3.8.1 Einsatzbeispiel Parque Central, Caracas 57

Inhaltsverzeichnis

3.9	Löschwasserleitungen und Wandhydranten	58
3.10	Sicherheitstechnische Einrichtungen und Ansprechpartner	65
3.11	Sicherheitsstromversorgung	67

4 Gefahren bei der Hochhausbrandbekämpfung **68**

4.1	Die Höhe – Einsatz von Leitern	68
4.1.1	Einsatz einer Drehleiter als zweiter Rettungsweg	68
4.1.2	Außenangriff	69
4.2	Nutzung des Gebäudes und Verhalten von Personen	70
4.3	Großflächige, offene Etagen	75
4.4	Gebäudetechnische Anlagen	76
4.5	Herabfallendes Glas und Winddruck	78
4.6	Rauch	79
4.6.1	Einsatzbeispiel Hochhausbrand Stuttgart	86
4.7	Einsturzgefahr	93
4.8	Baustellen	94
4.8.1	Einsatzbeispiel Hochhausbrand Hongkong	97
4.9	Reaktionszeit	98
4.10	Belastung der Einsatzkräfte	99
4.11	Kommunikation	103
4.11.1	Einsatzbeispiel Cook County Administration Building, Chicago	104

5 Taktik bei der Hochhausbrandbekämpfung **107**

5.1	Allgemeines	107
5.1.1	Einsatzbeispiel First Interstate Bank Building, Los Angeles	108
5.2	Standard-Einsatz-Regeln	117
5.3	Grundlagentaktik bei der Hochhausbrandbekämpfung	119
5.3.1	Die Stoßtrupptaktik	119
5.3.2	Einsatz von Stoßtrupps als Sicherheitstrupps	121
5.3.3	Das Depotgeschoss	123
5.3.4	Das Sichtungsgeschoss	125
5.4	Die vier Phasen der Hochhausbrandbekämpfung	127
5.4.1	Phase I: Stabilisierungsphase	128
5.4.2	Phase II: Aufwuchsphase	129
5.4.3	Phase III: Offensive	129
5.4.4	Phase IV: Konsolidierungsphase (Rückführung zur Normalität)	130
5.4.5	Einsatzbeispiel Windsor Tower, Madrid	130

Inhaltsverzeichnis

6 Einsatzentwicklung **143**
    6.1 Phase I: Stabilisierungsphase 143
    6.1.1 Phase I im Ablauf 146
    6.1.1.1 Betrieb und Notausstieg aus dem Feuerwehraufzug 150
    6.1.1.2 Taktik »keine Brandbekämpfung« 156
    6.1.1.3 Feuermeldungen 156
    6.2 Phase II: Aufwuchsphase 157
    6.2.1 Phase II im Ablauf 159
    6.2.1.1 Erstes Absuchen des Gebäudes 159
    6.2.1.2 Aufbauen von Strukturen, Gliederung der Einsatzstelle 160
    6.2.1.3 Bilden von Reserven 160
    6.2.1.4 Einsatzbeispiel Plaza-Building, Philadelphia 162
    6.2.1.5 Vorbereiten der Offensive 172
    6.2.1.6 Aufbau der Einsatzabschnitte Brandbekämpfung und Lobby 173
    6.2.1.7 Einsatz von Überdruckbelüftern in Hochhäusern 176
    6.3 Phase III: Offensive 178
    6.3.1 Phase III im Ablauf 179
    6.3.1.1 Einsatz Rettungsdienst 182
    6.3.1.2 Flächenmanagement 183
    6.3.1.3 Bereitstellungsraum 185
    6.3.1.4 Hubschraubereinsatz 185
    6.3.1.5 Einsatz der Polizei 188

Schlussbetrachtung **195**

Literaturverzeichnis **197**

1 Einleitung

»Das Wesentliche des ganzen Unternehmens ist der Gedanke, einen bis in den Himmel reichenden Turm zu bauen. Neben diesem Gedanken ist alles andere nebensächlich. Der Gedanke, einmal in seiner Größe gefasst, kann nicht mehr verschwinden; solange es Menschen gibt, wird auch der starke Wunsch da sein, den Turm zu Ende zu bauen.« (Franz Kafka)

Die Öffentlichkeit ist auch heute noch gekennzeichnet vom »Streit um das (Büro) Hochhaus« (Meyer zu Knolle, 1998). Für die einen ist es eine moderne Form des ästhetischen Vandalismus im vorgegebenen Kontext der Stadt, für die anderen verkörpert sich modernste Ästhetik und Bautechnologie in ihm. Trotzdem: Das Hochhaus hält weiterhin Einzug in die Städte und mit ihm die Ambivalenz, die ihm als Bautypus zu eigen ist. Das Bürohochhaus ist ein Resultat der Industrialisierungsprozesse des 19. Jahrhunderts, welche die Städte damals entscheidend veränderten. Die ästhetische Idee vom Hochhaus ist jene eines Kräfteverhältnisses zwischen horizontalen und vertikalen Baumassen, welches noch heute den Hochhausbau in Deutschland bestimmt – das Hochhaus darf sich aus den horizontalen Baumassen der Stadt befreien, bleibt aber zugleich auf sie bezogen.

So prägen Hochhäuser zunehmend die Skylines moderner Städte (Bild 1). Sie sind sowohl Ausdruck für das Schaffen von Wohnraum für eine Vielzahl von Menschen auf engem Raum[1] mit den damit verbundenen sozialen Problemen, als auch Bauten von großem Prestige, sowohl für die Auftraggeber als auch für die Architekten. Während in den 1960er und 1970er Jahren Hochhäuser selten höher als 150 Meter waren, ist die Entwicklung in den vergangenen 20 Jahren im Wesentlichen dadurch gekennzeichnet, dass auch in Deutschland immer höhere Gebäude geplant und realisiert wurden, die deutlich an die 300-Meter-Marke heranreichen. Bauwerke dieser Art stellen neue Anforderungen sowohl an die Gefährdungsanalytik als auch an die Erarbeitung adäquater Brandschutzkonzepte. Diese enorme Höhenentwicklung hat eine moderne Bautechnik ermöglicht, die mit ausgereifter Logistik in der

---

1 Zu den größeren Plattenbaugebieten zählen unter anderem München-Neuperlach (55 000 Einwohner), Nürnberg-Langwasser (36 000 Einwohner), Berlin-Märkisches Viertel (36 000 Einwohner), Berlin-Gropiusstadt (34 000 Einwohner), Frankfurt-Nordweststadt (23 000 Einwohner), Hamburg-Steilshoop (20 000 Einwohner), Hamburg-Mümmelmannsberg (19 000 Einwohner), Kiel-Mettenhof (18 000 Einwohner), Pforzheim-Haidach (14 000 Einwohner), Mannheim-Vogelstang (13 000 Einwohner), Würzburg-Heuchelhof (12 000 Einwohner), Heidelberg-Emmertsgrund (11 000 Einwohner), Hamburg-Osdorfer Born (11 000 Einwohner) und Reutlingen-Hohbuch.

1 Einleitung

Lage ist, hochfeste Baustoffe, neue Bauarten sowie computergesteuerte sicherheitstechnische Gebäudeausrüstungen wie Druckbelüftungs-, Feuerlösch-, Brandmelde- und letztlich Alarmierungsanlagen zur Errichtung von Hochhäusern zur Verfügung zu stellen (Muster-Hochhaus-Richtlinie (MHHR)).

Bild 1: *Berlin, Potsdamer Platz (Foto: von Kaufmann)*

1 Einleitung

Für die Feuerwehren stellen Hochhäuser eine besondere Herausforderung dar. Aufgrund der vorgegebenen Geometrie (große Höhe bei einer im Verhältnis kleinen Geschossfläche) müssen andere Taktiken angewandt werden, als dies bei »gewöhnlichen« Gebäuden der Fall ist. Dabei entstehen die Probleme oft schon bei noch nicht allzu großen Hochhäusern oder gar unterhalb der eigentlichen Hochhausgrenze von 22 Metern. Die im vorliegenden Buch enthaltenen Fallbeispiele beziehen sich auf Hochhäuser, die im Vergleich zu einigen geplanten oder bereits realisierten Projekten eher als niedrig anzusehen sind. Dabei werden nicht nur Einsatzbeispiele aus Deutschland behandelt, sondern auch aus anderen Ländern, insbesondere auch solche, die einen wesentlichen Einfluss auf die Musterhochhausrichtlinie hatten.

»*Wenn das Ringen offen ist, sich die Kraft des Angreifers auf dem Höhepunkt abschwächt und der Verteidiger seine Chance erhält ...*« nennt von Clausewitz[2] dies den »Kulminationspunkt«[3]. Dies besagt, dass mit einer letzten Anstrengung der Erfolg erreicht werden, er aber auch Zug um Zug entgleiten kann. Diese letzte Anstrengung beinhaltet nicht nur das Durchhaltevermögen der im ersten Zugriff eingesetzten Kräfte, sondern auch das zur Verfügung stellen von Reserven sowie eine funktionierende (Einsatz-)Logistik.

Der erfolgreiche Einsatz definiert sich letztendlich daraus, ob gut trainierte Standards für einen ersten Zugriff existieren, aus der Entschlossenheit und Zahl der ersteingesetzten Kräfte sowie dem Geschick der Einsatzleitung, die Einsatzstelle so weiter zu entwickeln, dass ihr ein entsprechender Handlungsspielraum bleibt, um auch noch in kritischen Situationen agieren zu können.

Das folgende Werk soll die einzelnen Problemfelder der Hochhausbrandbekämpfung behandeln und Lösungsansätze darlegen. Dabei stellen die Lösungsvorschläge keine Art von »Musterlösungen« dar. Sie verstehen sich vielmehr als Denkanstöße, wie eine Lösung aussehen könnte. Die Rahmenbedingungen der deutschen Feuerwehren sind zu verschieden, als dass die hier beschriebenen Möglichkeiten für jede Feuerwehr umsetzbar wären.

---

2   Carl Philipp Gottlieb von Clausewitz (* 1. Juli 1780 als Carl Philipp Gottlieb Claußwitz in Burg bei Magdeburg, † 16. November 1831 in Breslau) war preußischer General, Militärtheoretiker und Organisationswissenschaftler. Clausewitz wurde durch sein Hauptwerk »Vom Kriege« bekannt. Seine Theorien über Strategie, Taktik und Philosophie hatten großen Einfluss auf die Entwicklung des Kriegswesens in allen westlichen Ländern, werden bis heute an fast allen Militärakademien gelehrt und finden zudem im Bereich der Unternehmensführung sowie im Marketing Anwendung.

3   Der Kulminationspunkt ist aus feuerwehrtechnischer Sicht der Punkt, an welchem die Lage zu entgleiten droht, also keine Kräfte oder nicht ausreichend Kräfte zur Verfügung stehen, die Initiative zu behalten oder das Ereignis eindämmen zu können.

1 Einleitung

Anhand der Beispiele soll auch der Bezug zur Praxis gewährleistet werden. Dabei soll hier nicht darüber philosophiert werden, ob und inwieweit Fehler gemacht wurden. Vielmehr ist es für das individuelle Handeln wichtig, Schlüsse aus den Erfahrungswerten anderer Feuerwehren zu ziehen. Allerdings darf auch nicht vergessen werden, dass alle Kommunen unterschiedliche Rahmenbedingungen durch bauliche Traditionen, verfügbare Kräfte und den jeweiligen Leistungsgrad der Feuerwehr aufweisen. Oftmals rückt die Feuerwehr zu Feuermeldungen in Hochhäusern aus. In den wenigsten Fällen findet sie aber tatsächlich auch ein Feuer vor. Meist handelt es sich dann um einen Kleinbrand. Die absolute Ausnahme stellen schon Wohnungsbrände oder gar Etagenbrände dar. Deswegen sollen Beispiele die Notwendigkeit von Standards belegen, die so ausgelegt sein müssen, dass sie sowohl für eine Feuermeldung anzuwenden sind, als auch für die erste Phase bei einem voll entwickelten Hochhausbrand.

2 Das Hochhaus – keine aktuelle Erfindung

Als sich in Chicago (USA) zwischen 1880 und 1890 die Einwohnerzahl auf mehr als eine Million verdoppelte, vervielfachten sich auch die Grundstückspreise in der Innenstadt. Kostete ein Quadratmeter im Jahr 1880 noch 130 US-Dollar, so stieg der Preis bis zum Jahr 1890 um das Siebenfache auf 900 US-Dollar an. Um weiterhin rentabel wirtschaften zu können, begannen damals die Grundstückseigentümer, ihre Grundfläche optimal zu nutzen und wählten hierzu eine höhere Bauweise. Dies wurde durch Erfindungen wie den elektrischen Aufzug, der Entwicklung feuerfester Baustoffe und vor allem durch die Stahlskelettbauweise begünstigt.

Das *Home Insurance Building* von 1885 (1931 abgerissen) vereinte als erstes Bauwerk die neuen technischen Errungenschaften und gilt mit seinen zehn Etagen als das erste moderne Hochhaus der Welt. Zwischen 1890 und 1894 entstand das *Reliance Building*, welches als Vorläufer der später den internationalen Stil bestimmenden gläsernen Vorhangwandkonstruktion und als Meisterwerk der Ersten Chicagoer Schule[4] gilt. Seitdem gilt Chicago als Wiege der Hochhauskultur, obwohl die meisten spektakulären Hochhausprojekte derzeit in China, Russland und im Nahen Osten geplant und realisiert werden (Thomas & van Leeuwen, 1986).

In New York City steht das *Fuller Building* von 1902 noch heute als Beispiel der frühen Skelettbauweise. Die 1916 erlassene Bauordnung der City of New York, die nur für 25 Prozent der Grundstücksfläche eine unbegrenzte Höhenentwicklung zuließ und für den Rest des Bauwerks eine mathematisch bestimmte Abtreppungsvorschrift enthielt, prägte den Typ des *New Yorker Art Deco* Hochhauses. Das von Cass Gilbert 1913 errichtete *Woolworth Building* wirkte hier stilbildend. Zahlreiche Hochhäuser dieses Typs wurden in der Hochkonjunkturphase vor dem großen Börsenkrach vom Oktober 1929 geplant und bis in die ersten Jahre der Weltwirtschaftskrise errichtet, etwa William van Alens *Chrysler Building* (1930) oder das lange Jahre als höchstes Gebäude der Welt geltende *Empire State Building* (1930). 1929 standen von 377 Hochhäusern der USA mit mehr als 20 Stockwerken 188 in New York City.

Das erste Hochhaus Deutschlands ist das 1915 bis 1916 nach Plänen des Architekten Friedrich Pützer errichtete *Turmhaus Bau 15* der Carl Zeiss AG in Jena. Es erreichte mit elf Geschossen eine Höhe von 43 Metern. Mit seinen rasterartig angeordneten Fenstern besaß es eine an den damaligen US-amerikanischen Vor-

---

4 Architekturbewegung, prägend für den Baustil für Hochhäuser

2 Das Hochhaus – keine aktuelle Erfindung

bildern orientierte Fassade. Als erstes, wenn auch deutlich niedrigeres Bürohochhaus, entstand in den Jahren 1921 bis 1923 nach Plänen der Düsseldorfer Architekten Hans Tietmann und Karl Haake das siebengeschossige *Industriehaus* am Wehrhahn in Düsseldorf (Schediwy, 2005).

Der Jeddah Tower, früher bekannt als Kingdom Tower, ist ein Bauprojekt an der Westküste von Saudi-Arabien. Der Wolkenkratzer wird zum Zeitpunkt der Fertigstellung (voraussichtlich im Jahr 2020) das höchste Bauwerk der Welt sein.

Das am 4. Januar 2010 eröffnete, derzeit höchste Haus der Welt mit immerhin 828 Metern, der *Burj Chalifa*, wird, soviel ist sicher, nicht lange als höchstes Haus der Welt gelten. Zum Vergleich: Lange Zeit galt der *Sears-Tower* in Chicago mit 442 Metern Höhe als das höchste Gebäude der Welt, 1998 wurde er durch die *Petronas-Towers* mit 452 Metern Höhe abgelöst. Bereits 2003 wurden diese wiederum durch die *Taipeh-Towers* (508 Meter) in den Schatten gestellt. Das Bild 2 zeigt die höchsten Häuser der Welt im Vergleich.

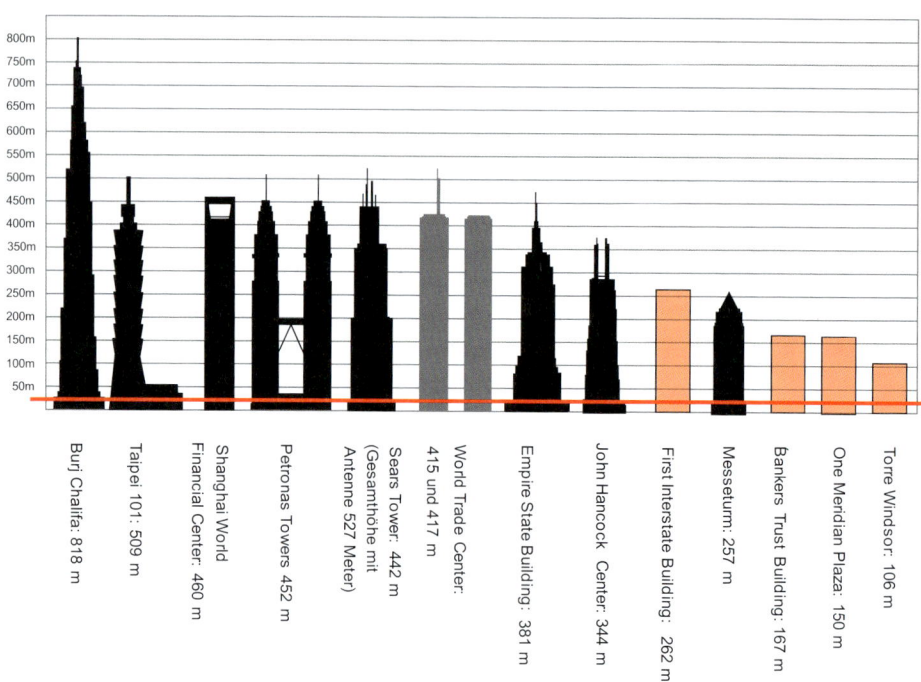

Bild 2: *Eine Auswahl der höchsten Häuser der Welt (Grafik: Grünwald/von Kaufmann)*

2 Das Hochhaus – keine aktuelle Erfindung

Die Entwicklung von neuen Baumaterialien und Konstruktionsformen, vornehmlich die Erfindung des Stahls, machte es möglich, wesentlich höher zu bauen als dies bisher denkbar war. Seitdem besteht eine regelrechte »Höhenkonkurrenz« (Matzing, 2008).

Hochhäuser lassen sich in folgende Kategorien einteilen (Schuler, 2003):
- **Kleine Hochhäuser:** Hochhäuser unter 50 Meter mit nicht mehr als 15 Geschossen bei einer Grundfläche von ungefähr 400 m².
- **Mittelgroße Hochhäuser:** Hochhäuser zwischen 50 und 100 Meter mit etwa 20 Geschossen bei einer Geschossfläche von rund 500 m².
- **Große Hochhäuser:** Hochhäuser, die höher als 100 Meter sind und zirka 50 Geschosse mit einer Geschossfläche von etwa 1000 m² haben.
- **Supergroße Hochhäuser:** Hochhäuser, die mehrere hundert Meter hoch sind und Geschossflächen von mehr als 2000 m² haben (z. B. *Sears-Tower*, *Petronas-Towers*).

Die Musterhochhausrichtlinie unterscheidet zwischen Höhen bis zu 60 Metern (zwei Treppenräume oder ein Sicherheitstreppenraum), über 60 Meter (zwei Sicherheitstreppenräume, alle tragenden und aussteifenden Bauteile müssen eine Feuerwiderstandsfähigkeit von mindestens 120 Minuten besitzen) und über 240 Meter (tragende und aussteifende Bauteile müssen eine Feuerwiderstandsfähigkeit von mindestens 180 Minuten aufweisen). Hierdurch wird den durch die Gebäudehöhe verursachten längeren Flucht-, Rettungs- und Löschangriffszeiten Rechnung getragen (Fachkommission Bauaufsicht (MHHR), 2005). Das Bild 3 veranschaulicht die Hochhausgrenze sowie die Einsatzgrenzen der von der Feuerwehr verwendeten Leitern.

Hochhäuser sind Gebäude, deren Tragwerk stets unter besonderer Berücksichtigung der Horizontallasten aus Wind und Erdbeben entworfen werden muss (Hegger, 1995). Somit unterscheiden sich Hochhäuser folglich von anderen Hochbauten dadurch, dass die Tragstruktur durch die Abtragung der Horizontallasten entscheidend beeinflusst wird. Regionale Besonderheiten können zu erheblichen Unterschieden bei den Anforderungen an den horizontalen Lastabtrag führen. Beispielsweise muss ein Hochhaus in Hongkong tropischen Wirbelstürmen widerstehen und daher für eine wesentlich höhere Windlast bemessen sein, als beispielsweise ein Gebäude in New York oder Frankfurt.

2 Das Hochhaus – keine aktuelle Erfindung

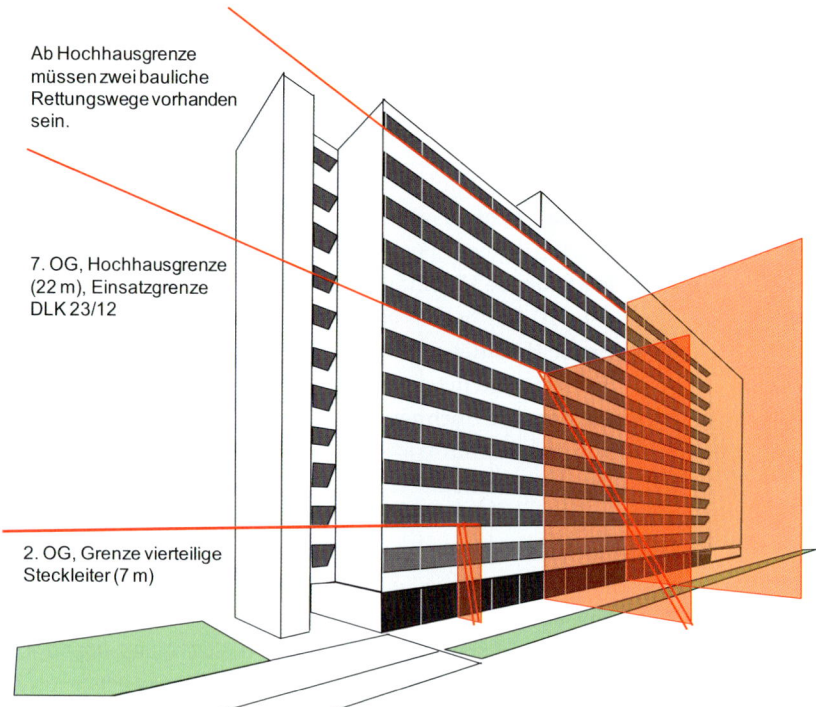

Bild 3: Ab einer Höhe von 22 Metern (Boden des höchstgelegenen Aufenthaltsraumes) ist ein Gebäude ein Hochhaus. Ab dieser Höhe müssen entweder mindestens ein Sicherheitstreppenraum oder zwei Treppenräume vorhanden sein. Der Einsatz einer Drehleiter zur Menschenrettung ist ab dieser Höhe vom Baurecht nicht mehr vorgesehen. (Grafik: Grünwald/von Kaufmann)

2.1 Entwurfsgesichtspunkte

Auch wenn der Entwurf eines Hochhauses nicht allein von statisch-konstruktiven Gesichtspunkten abhängt, so wird er doch durch die Wahl des Tragwerkes und des Baustoffes entscheidend beeinflusst. Einzelne Ausführungsalternativen lassen sich nach folgenden Kriterien objektiv bewerten:

- Wirtschaftlichkeit (Grundrissökonomie, Herstellung, Betrieb und Unterhaltung),
- Verknüpfung Architektur – Tragwerk – Haustechnik,

- Bauzeit und Bauausführung,
- zukünftige Flexibilität in der Nutzung sowie
- Verfügbarkeit von Material und Erfahrung.

Für den Tragwerksplaner stehen die folgenden Parameter bei der Planung und Gestaltung der Tragkonstruktion im Vordergrund:
- Horizontallasten (Wind),
- räumliche Steifigkeit und Stabilität (Lotabweichung, Schiefstellung, Schlankheit),
- Nutzungsart/Vertikallasten,
- Gründung,
- Brandschutz sowie
- Verfügbarkeit und Kosten der Grundbaustoffe.

2.2 Konstruktion von Hochhäusern

2.2.1 Stahlskelettbauweise

Die wohl noch heute gängigste Form im Hochhausbau ist die Stahlskelettbauweise. Der Stahlskelettbau ist eine um 1884 entwickelte Baukonstruktion, bei welcher das Tragwerk eines Bauwerks im Skelettbau mit Stahlträgern errichtet wird. Daraufhin werden die eigentlichen Wände und Decken aus Beton auf die stützende Stahlkonstruktion aufgetragen.

Die Stahlskelettbauweise definiert sich in der Regel dadurch, dass das Haupttragwerk, d. h. die Stützen und die Riegel, aus Stahlprofilen besteht. Auf diese Weise ist durch die Verbindung mittels geschraubter Anschlüsse ein sehr schneller Baufortschritt möglich. Die Decken können sowohl als Betonfertigteile, Beton-Halbfertigteile oder Verbunddecken ausgeführt werden. Diese Bauweise wurde vor allem in den USA durch die ersten Hochhäuser sehr beliebt. Frühe Beispiele der Stahlskelettbauweise in Deutschland sind die Zeche *Zollverein in Essen* (1932, Fritz Schupp und Martin Kremmer) und das zwischen 1935 und 1937 durch Paul Hofer und Karl Johann Fischer errichtete *Gebäude 7* der ehemaligen Reichszeugmeisterei München-Giesing auf dem Gelände der vormaligen McGraw-Kaserne der US-Streitkräfte.

2.2.2 Konstruktionen aus Beton

Unter dem Gesichtspunkt der Vermietung werden die Abmessungen der vertikalen Tragglieder minimiert, um so die vermietbare Fläche zu vergrößern. Hier haben Stahlkonstruktionen einen Vorteil gegenüber Stahlbeton- und Verbundkonstruktionen aus hochfestem Beton. Hochhäuser aus normalfestem Beton führen hingegen zu unwirtschaftlich großen Konstruktionsabmessungen.

Die vergangenen Jahre haben gezeigt, dass grundsätzlich Stahlbeton- und Verbundkonstruktionen aus hochfestem Beton die wirtschaftlichsten Konstruktionsformen darstellen. In Deutschland hat sich bisher Stahlbeton als die wirtschaftlichste Bauweise erwiesen – insbesondere im Hinblick auf die hierzulande herrschenden hohen Anforderungen an den baulichen Brandschutz. Hochhäuser aus Stahlbeton der ersten Generation mit bis zu 40 Geschossen wurden ausschließlich über gegliederte Scheiben oder miteinander gekoppelte Wandscheiben ausgesteift. Mit zunehmender Gebäudehöhe wurde es erforderlich, auch die Fassadenstützen in das Aussteifungssystem mit einzubeziehen. Bei den Stahlbetongebäuden der letzten Generation mit bis zu 65 Geschossen bilden Stützen und Riegel der Stahlbetonfassade ein räumliches Rahmensystem, das gemeinsam mit den Innenkernen die Aussteifung übernimmt. Bei den vermehrt eingesetzten Mischkonstruktionen aus Stahl und Stahlbeton geht der Trend hin zu Megastrukturen, welche die Lasten auf wenige Stützen konzentrieren. Die Stützen bestehen hierbei aus einem Stahlrohr, das mit hochfestem Beton gefüllt ist. Diese Stahlrohre dienen gleichzeitig als Schalung und als Ringbewehrung.

2.2.3 Lastabtrag

Als Hauptproblem im Hochhausbau ist nicht die Vertikallast anzusehen, sondern die Horizontallasten, beispielsweise Windlasten oder einseitig thermische Lasten, die nach unten abgetragen werden müssen. Für die Bemessung der Bauglieder ist deshalb die horizontale Verformung ausschlaggebend. Ziel ist es, ein Gebäude möglichst »weich« machen zu können. Im Skelettbau wurde in den 1950er Jahren mit Pendelstützen und aussteifendem Kern zum Abtragen der Horizontalkräfte bei Gebäuden mit bis zu 20 Stockwerken gearbeitet, ab dann stößt man an die wirtschaftlichen Grenzen. Daraus hat sich die Rohrbauweise entwickelt, ein im Boden eingespannter Kragarm, der seine Stabilität wie ein Rohr oder ein Strohhalm aus der steifen Außenhaut gewinnt. Betonbauten mit mehr als 40 Geschossen erforderten dann die Doppelrohrbauweise mit einem innenliegenden Kern in Rohrform (Ingenhoven, 2007). Mit der Zeit entwickelten sich verschiedene Konstruktionsformen, die hier vorgestellt werden sollen (Sobek, 2008).

2.2.4 Kernbauweise

Das gängigste Tragsystem für Hochhäuser ist die so genannte Kernbauweise, die eine wesentliche Effektivitätssteigerung gegenüber den Stahlskelettkonstruktionen ermöglichte. Eine Kernbauweise (engl. »Outriggersystem«) entsteht durch die Einführung einer steifen, typischerweise geschosshohen Konstruktion, die den Kern mit den tragenden Außenstützen verbindet. An das primäre Tragsystem, dem Kern, der in der Regel eine Stahlskelett- oder Betonkonstruktion mit aussteifenden Wandscheiben ist, sind die Stockwerksdecken mit ihrer sekundären Tragstruktur, den Trägern, biegesteif aufgehängt. Die Träger nehmen dabei nur die Vertikallasten auf, die Horizontallasten, aber auch Vertikallasten werden durch den Kern aufgenommen und abgeleitet. Dabei müssen nicht alle Decken biegesteif an den Kern befestigt werden. Das Einfügen eines Outriggersystems auf halber Gebäudehöhe erhöht die Steifigkeit des Tragsystems beispielsweise um 30 Prozent. Durch Anordnung mehrerer Outrigger in unterschiedlichen Gebäudehöhen kann man eine weitere Effektivitätssteigerung erzielen. Der Vorteil, die Decken an den Outriggern aufzuhängen, besteht darin, dass die Stützen der aufgehängten Geschosse nur Zugbelastungen und keinen Knickbelastungen ausgesetzt sind. Outriggersysteme sind bis in Höhen von rund 65 Stockwerken wirtschaftlich sinnvoll. Das 42 Stockwerke zählende, 1983 fertig gestellte *First Wisconsin Center* in Milwaukee war das erste Hochhaus mit einem Outriggersystem. Mittlerweile ist die Anordnung von Outriggern ein weit verbreiteter Kunstgriff zur Erhöhung der Gebäudesteifigkeit. Typischerweise sind diese Outrigger nicht in der Außenhaut der Gebäude erkennbar, sondern werden in Installationsgeschosse oder in Wandzonen integriert.

Eine weitere wichtige Konstruktionsform ist das Tragsystem der »Framed Tubes«, das heißt ein biegesteifes System aus fassadennahen Stützen und Riegeln. Durch dieses System entsteht eine Röhre (tube), in welche die Stockwerke eingefügt werden. Damit können die innenliegenden Stützen auf ein Minimum reduziert werden. Ein Beispiel für diese Konstruktionsform war das *World Trade Center* in New York. Die Effektivität eines einfachen »Framed Tube« nimmt bei Betontragwerken ab einer Höhe von etwa 50 Geschossen und bei Stahltragwerken ab einer Höhe von rund 80 Geschossen infolge von Aboschereffekten deutlich ab. Die Steifigkeit eines Röhrensystems kann jedoch erhöht werden, indem man den Aufzugskern als tragendes Element heranzieht. Insbesondere bei schlanken Bürohochhäusern sind die Grundrissabmessungen des Aufzugskernes in der Regel groß genug, um den Kern selbst als eine effiziente Röhrenstruktur nutzen zu können. Wird der innere Kern ebenfalls als eine Röhre gebaut, spricht man vom »Tupe-in-Tupe«-System.

Um die Stützen in den Gebäudeecken erheblich zu entlasten, werden mehrere Röhrensysteme nebeneinander gebündelt. Damit reduzieren sich im Vergleich zur einfachen Röhrenkonstruktion besonders die Schereffekte. Gleichzeitig nimmt die horizontale Steifigkeit zu. Von Nachteil ist allerdings, dass dadurch eine nicht mehr völlig stützenfreie Geschossfläche zur Verfügung steht. Nach diesem Prinzip entworfene Tragwerke haben das Aussehen gebündelter Röhren. Sie werden deshalb »Bundled Tubes« genannt. Deren Entwicklung ist – neben dem Outriggersystem und dem »Framed Tube« – einer der wichtigsten Fortschritte im Hochhausbau. Das »Bundled Tube«-Prinzip lässt die Zahl der in Stahlbauweise wirtschaftlich herstellbaren Geschosse auf etwa 110 steigen, im Bereich des Betonbaus wird diese auf 75 erhöht. Der 1974 fertig gestellte *Sears-Tower* in Chicago war das erste Hochhaus mit einem solchen Tragwerk.

Neben dem System der gebündelten Röhren ist die Anordnung eines diagonalen Trägersystems eine weitere Methode, um die Effektivität des Röhrenprinzips zu steigern. Diese Bauweise wird »Diagonal Truss Tube« genannt. Dadurch ist die Möglichkeit entstanden, noch höhere Tragwerksysteme zu errichten. Das Verlegen von Diagonalen im Röhrensystem hat den Vorteil, dass nur die Windlasten und die anteiligen Belastungen aus dem Eigengewicht abgetragen werden müssen. Das 1970 fertig gestellte *John Hancock Center* mit hundert Stockwerken und einer Höhe von 344 Metern ist ein Beispiel für ein solches »Diagonal Truss Tube«. Die innenliegenden Stützen sind nur für Eigenlasten bemessen. Die außenliegenden Stützen, die Diagonalen, die primären und die sekundären Zugbänder formen eine röhrenartige Struktur, welche die Horizontallasten abträgt.

In der zweiten Hälfte der 1970er-Jahre war es die Weiterentwicklung von Verbundkonstruktionen, die von entscheidender Bedeutung für den Fortschritt im Hochhausbaus war. Der Hauptvorteil der Verbundbauweise (also einem Rahmentragwerk aus Beton und Stahlbauteilen) liegt dabei vor allem in einer – gegenüber herkömmlichen Betonkonstruktionen – deutlich erhöhten Baugeschwindigkeit. Zuvor waren die langen Bauzeiten im Zusammenhang mit den dadurch entstehenden Kosten der Hauptgrund für die Dominanz der Stahlkonstruktionen. Erst neue Entwicklungen im Schalungsbau ermöglichten den wirtschaftlichen Einsatz von Beton. Beim *Frankfurter Messeturm* wurde der achteckige Betonkern mittels einer Gleitschalung errichtet. Diese wurde – aus einem Ring gegossen – hydraulisch nach oben geschoben. Heute wendet man auch Mischsysteme an, wie beispielsweise in Beton eingegossene Stahlprofile.

2.2.5 Fassadengestaltung

In engem Zusammenhang mit der Stahlskelettbauweise steht die Vorhangfassade (Bild 4). Bei einer Vorhangfassade handelt es sich um eine Außenwandkonstruktion bei der die Fassade außer ihrem Eigengewicht keine weiteren statischen Lasten trägt. Die Lasten werden über die Konstruktion des Bauwerks abgetragen. Im modernen Hochhausbau werden aber auch Doppelfassaden verbaut. Die Doppelfassade ist eine Fassade, welche zwei Fassadenebenen besitzt: Die äußere Ebene hat die Funktion, auftretende Umwelteinwirkungen wie solaren Wärmeeintrag, Windlasten oder Witterungsbedingungen aufzunehmen, die innere Ebene (Primärfassade) stellt den Abschluss zu den einzelnen Nutzbereichen dar und übernimmt in der Regel auch die Wärmedämmfunktion. Dazwischen entsteht ein Zwischenraum von 20 Zentimetern bis hin zu mehreren Metern. Eine Doppelfassade kann entweder als Zu- oder als Abluftfassade ausgebildet werden (Herzog et al., 2004).

Bild 4: *Typisches Beispiel für eine Vorhangfassade: DB-Hochhaus am Potsdamer Platz in Berlin (Foto: von Kaufmann)*

2.2.6 Fertigteilbau

Besonders mit der Errichtung von Wohnhochhäusern hat sich der Begriff des »Plattenbaus« eingeprägt. Die Plattenbauweise beschreibt ein weit verbreitetes Bauverfahren. In der Umgangssprache wird der Begriff »Plattenbau« häufig verengt auf einheitlich gestaltete Wohnplattenbauten in Großwohnsiedlungen. Plattenbauten sind vorwiegend aus Betonfertigteilen hergestellte Gebäude, d. h. sowohl Deckenplatten als auch Wandscheiben werden als fertige Elemente auf der Baustelle montiert. Starke Verbreitung fanden Plattenbauten nach dem Zweiten Weltkrieg in der damaligen DDR. Dort wurden in den ersten Jahren nach dem Krieg klassische Bauverfahren wie Mauerwerksbauten verwendet, welche aber den rasch zunehmenden Wohnungsmangel nicht schnell genug beheben konnten. In den 1950er-Jahren wurde nach rationelleren Baumethoden gesucht. Ein erster Großplattenversuchsbau entstand 1953 in Berlin-Johannisthal. Der Ausbau der Stadt Hoyerswerda wurde zu einem Experimentierfeld in diesem Bereich. Der industrielle Wohnungsbau in Plattenbauweise wurde dort seit 1957 in großem Umfang realisiert. Das Bauverfahren mit vorgefertigten Betonteilen erfolgte in Anlehnung an die Ideen der modernen Architektur, die schon im Bauhaus entstanden waren. Nicht nur in der DDR wurden damals Plattenbauten errichtet, auch in der Bundesrepublik wurden in großen Stückzahlen Plattenbauten gebaut.

2.3 Soziale Aspekte

2.3.1 Sozialer Brennpunkt Hochhaus

Der Vorwurf, Hochhäuser seien für soziale Strukturen der Stadt schädlich, ist nicht völlig aus der Luft gegriffen. In Wohnhochhäusern entstehen oft zwei völlig verschiedene Ghettosituationen[5]. Weil Bau und Unterhalt der Hochhäuser überpropor-

---

5 Der Begriff wurde in den 1970er-Jahren für Teile des New Yorker Bezirks Bronx und Harlem geprägt, im selben Zeitraum auch für die südlichen Stadtbezirke Chicagos und zunehmend große Teile von Los Angeles (dort auch als »Skid Rows« bezeichnet). Im modernen Sprachgebrauch wird der Begriff »Ghetto« als Wort für soziale Brennpunkte verwendet. In Deutschland gelten einige Stadtteile von Großstädten als von einer Ghettoisierung betroffen. Maßstab ist unter anderem ein sehr hoher Ausländeranteil, wobei man davon ausgeht, dass diese Bevölkerungsgruppen auch wirtschaftlich schwächer gestellt sind. Viele dieser Stadtteile charakterisieren sich zudem durch eine hohe Anzahl verschiedener Nationalitäten, ein niedrigeres Durchschnittsalter und eine hohe Fluktuation, das heißt eine niedrigere durchschnittliche Wohndauer.

2.3 Soziale Aspekte

Bild 5: *Sozialer Wohnungsbau in Berlin Schöneberg. Solche Gebäude stellen oft aufgrund ihres sozialen Umfeldes einen schwierigen Einsatzort für die Feuerwehr dar. (Foto: von Kaufmann)*

tional teuer und damit auch die Mieten entsprechend hoch sind, sind oft die »Reichen unter sich«, eine soziale Durchmischung, wie sie in gewachsenen städtischen Strukturen vorzufinden ist, existiert dann nicht. Wird aber aufgrund der hohen Investitionskosten bei der Gebäudequalität, beim Bauunterhalt oder der Infrastruktur gespart, können Hochhäuser schnell an Attraktivität verlieren. Ein schlechter Bauzustand vertreibt die »guten« Mieter, es setzt eine Verslumung ein. Diese Situation wird noch verstärkt, wenn wegen der hohen Grundstückspreise in den Innenstädten solche Siedlungen in den Stadtrandbereichen errichtet werden, fernab vom kulturellen und gesellschaftlichen Leben. Nicht ohne Grund hat sich für solche Städte der Begriff »Schlafstädte«[6] eingebürgert.

---

6 Ein Beispiel hierfür sind die Unruhen in Paris im Jahr 2005 (Wurst, 2005): Bei den gewalttätigen Unruhen in Frankreich im Oktober und November 2005 handelte es sich um eine Serie von zunächst unorganisierten Sachbeschädigungen und Brandstiftungen sowie gewalttätigen Zu-

Studien haben zweifelsfrei den Zusammenhang zwischen hoher Kriminalität und »Wohnsilos« belegt. Das anonyme Wohnumfeld und die günstigen Voraussetzungen für Kriminalität, wie menschenleere, schlecht beleuchtete Flure, Müll- und Waschräume, Fahrradräume und Tiefgaragen werden für dieses Phänomen verantwortlich gemacht. Fakt ist, dass in solchen Gebieten mehr Gewaltverbrechen stattfinden als in klein strukturierten, ländlichen Wohngebieten. Auch für die Feuerwehr hat dies Auswirkungen auf Einsatzmaßnahmen (Bild 5). Feuerlöscheinrichtungen und bauliche Einrichtungen zur Verhinderung von Rauchausbreitung können durch Gewalteinwirkung bzw. Vandalismus beschädigt worden sein und eine Brandbekämpfung entsprechend beeinträchtigen. Es kann sogar bis zu einer aktiven Behinderung von Einsatzkräften im Einsatz kommen[7]. Zudem können diese Bereiche einen zahlenmäßigen Einsatzschwerpunkt für Feuerwehr und Rettungsdienst darstellen. Ein durch die Behörden in Großbritannien herausgegebener Standard für die Hochhausbrandbekämpfung nimmt diesen Aspekt auch in die Gefahrenbewertung mit auf.

2.3.2 Akzeptanz von Hochhäusern in der Gesellschaft

Auch nach den Anschlägen auf das World Trade Center vom 11. September 2001 hält der Bauboom bei Hochhäusern ununterbrochen an. Die Deutsche Gesellschaft für Immobilienfonds (DEGI) hat im September 2002 eine Umfrage zum Sicherheitsgefühl in namhaften Frankfurter Hochhäusern, wie dem Frankfurter Büro Center und dem Eurotower, durchgeführt (Joos, 2003). Achtzig Prozent der befragten Firmen bejahten, dass sie im Falle einer neuerlichen Standortentscheidung wieder ein Hochhaus bevorzugen würden. Seit dem 11. September 2001 ist allerdings eine Bewusstseinsänderung im Sicherheitsempfinden der Nutzer eingetreten. Punkte wie Zugangskontrollen, Anmeldepflicht, Überwachung mittels Videokameras sowie deutlich gekennzeichnete Flucht- und Rettungswege sind den Nutzern zunehmend wichtig geworden. Grundsätzlich sind Büro- und Verwaltungsgebäude bei Bränden nach wissenschaftlichen Erkenntnissen als deutlich sicherer einzustufen als Wohngebäude. Im World Trade Center in New York war der Brand, der durch das Kerosin der Flugzeuge angefacht wurde, maßgeblich für die Zerstörungen verantwortlich. Die beiden Türme des World Trade Centers haben den Beweis einer lebenserhal-

---

sammenstößen mit der Polizei in der so genannten Banlieue des Großraums Paris, die am 27. Oktober 2005 nach dem Unfalltod zweier Jugendlicher begann. Zunächst beschränkten sich die Ausschreitungen auf den Heimatort der Jugendlichen, den Pariser Vorort Clichy-sous-Bois.
7 Warnung vor »No-Go-Areas«, (Schulz, 2006)

2.3 Soziale Aspekte

tenden Standfestigkeit erbracht. Der Südturm blieb 45 Minuten, der Nordturm sogar 104 Minuten stehen. Dies ermöglichte ungefähr 22 000 der rund 25 000 sich in den Türmen aufhaltenden Menschen, die Gebäude rechtzeitig zu verlassen.

3 Baulicher und technischer Brandschutz

3.1 Einsatzbeispiel: Brand des Grenfell Tower 2017

Der Bauliche Brandschutz stellt eine wesentliche Grundlage für den abwehrenden Brandschutz dar. Welche Auswirkungen es für den abwehrenden Brandschutz haben kann, wenn der bauliche Brandschutz nicht entsprechend ausgeführt worden ist, zeigt in seiner negativen Auswirkung das Beispiel des Brandes des *Grenfell Towers* in London, das zu Beginn des Kapitels stehen soll. Weitere Informationen zu dem Brand wurden mittlerweile in einer öffentlichen Untersuchung veröffentlicht (vgl. Reick, 2018).

Der Fachausschuss Vorbeugender Brand- und Gefahrenschutz der deutschen Feuerwehren (FA VB/G) greift in seinem Positionspapier die enge Verknüpfung des vorbeugenden Brandschutzes mit dem abwehrenden ebenfalls auf. In dem Papier werden insbesondere diejenigen Faktoren als Zielsetzung für den Vorbeugenden Brandschutz hervorgehoben, die beim Einsatzereignis London zu erheblichen Problemen geführt haben: vor allem die »Sicherstellung des Personenschutzes für Nutzer und Einsatzkräfte« und die »Schadensreduzierung«.

Folgende Punkte müssen hierbei beachtet werden (FA VB/G, 2017):
- Es müssen die Voraussetzungen für die Eigen- und Fremdrettung der von Schadensereignissen betroffenen Personen geschaffen werden.
- Die Rettungswege sind stets auch die Zugangswege (Angriffswege) der Einsatzkräfte.
- Die Schadensreduzierung erfolgt über die Durchführung wirksamer Lösch- und Rettungsarbeiten.
- Eine risikospezifische Einsatzvorbereitung muss Priorität haben.
- Für die Einsatzvorbereitung der Feuerwehren (z. B. Qualifizierung der Einsatzkräfte, Einsatzunterlagen, Datenbestand in der Leitstelle) ist die Sicherstellung des Informationsflusses zu Personen- und Gebäuderisiken erforderlich.

Werden die hier aufgeführten Prioritäten nicht oder nur teilweise erfüllt, hat das unmittelbaren Auswirkungen auf den abwehrenden Brandschutz.

Ausgangslage
Der *Grenfell Tower* ist ein 24-stöckiges Hochhaus im Londoner Stadtteil North Kensington mit einer Gesamthöhe von 67,30. Das Gebäude wurde als Sozial-

3.1 Einsatzbeispiel: Brand des Grenfell Tower 2017

wohnungsobjekt in den Jahren 1972-1974 errichtet und verfügte über 129 Einzel- und Doppelzimmer. Wie etliche weitere Hochhäuser in Großbritannien auch, verfügte der *Grenfell-Tower* baurechtskonform nur über einen einzigen Treppenraum als Fluchtweg. Das Gebäude selbst wurde im Zeitraum 2015 bis 2016 einer größeren Modernisierung unterzogen, bei der unter anderem eine neue wärmegedämmte, vorgehängte und hinterlüftete Außenfassade aus Aluminiumverbundstoff angebracht wurde, um mehr Energieeffizienz zu erzielen.

Bereits 2013 ist eine Gefährdungsanalyse erstellt worden, in welcher u. a. die unzureichende Ausstattung mit Löschgeräten bemängelt wurde, ebenso, wie das Fehlen einer Sprinkleranlage. Zudem verfügt der einzige Treppenraum lediglich über einen Ein- und Ausgang. Die Etagenflächen und der Treppenraum waren mit Müll und alten Möbelstücken regelrecht vollgestellt.

Am Mittwoch, den 14. Juni 2017, brach gegen 00:50 Uhr in Folge eines Kurzschlusses an einem Kühlschrank in Wohnung Nr. 16 im 4. Obergeschoss das Feuer aus.

Einsatzmaßnahmen

Der Wohnungsinhaber verständigte um 00:54 Uhr die London Fire Brigade sowie seine Nachbarn im gleichen Stockwerk. Sechs Minuten später trafen erste Feuerwehrkräfte vor Ort ein. Die Berufsfeuerwehr London wendet grundsätzlich eine Taktik an, die vorsieht, dass die nicht unmittelbar gefährdeten Bewohner eines Hauses zunächst im Gebäude verbleiben (»Stay-Put-Strategy«). Die vorgesehene Standardregel bei Hochhausbränden beruht auf der Annahme, dass ein Feuer in einer Wohnung isoliert unter Kontrolle gehalten werden kann.

Der Feuerwehr gelang es zunächst auch das Feuer binnen kürzester Zeit zu löschen. Als die Einsatzkräfte gerade dabei waren, das Gebäude wieder zu verlassen, erblickten sie Flammen an der äußeren Fassade des Gebäudes. Das Feuer hatte sich über das Küchenfenster des Appartements hinweg in die Außenfassade gefressen, noch bevor der ursächliche Brandherd in der Küche gelöscht wurde. Die Flammen breiteten sich in kurzer Zeit entlang der Außenfassade in V-Form nach oben hin aus. Um 01:29 Uhr stand bereits das gesamte Gebäude bis zum Dach hin in Flammen. Das Feuer drang von dort aus in Folge wieder durch die einzelnen Geschosse in das Gebäudeinnere ein. Im Zeitraum zwischen 01:30 und 01:40 Uhr füllte sich der Treppenraum oberhalb des 4. Stockwerks zunehmend mit dichtem Rauch, wodurch es Hausbewohnern unmöglich war, eigenständig das Gebäude zu verlassen. Dies erschwerte die Rettungsmaßnahmen signifikant. Im Zeitraum zwischen 01:38 und 01:58 Uhr versuchten sich 20 Personen dennoch selbst zu retten. Mehr als die Hälfte von ihnen wurde von den Einsatzkräften gegen 01:58 Uhr tot aufgefunden. Weitere

48 Personen konnten zwischen 01:58 und 03:58 Uhr durch die Feuerwehr gerettet werden.

Der Brand dauerte insgesamt 60 Stunden. Es waren mehr als 250 Feuerwehrdienstleistende der London Fire Brigade mit 70 Einsatzfahrzeugen, die aus ganz London zusammengezogen wurden, im Einsatz. Den Feuerwehrleuten gelang es die meisten Bewohner unter schwerem Atemschutz aus den Wohnungen ins Freie zu retten. Die Bewohner berichteten von sehr starker Verrauchung im Inneren des Gebäudes. Die Rettungsmaßnahmen selbst wurden zusätzlich noch durch eine extreme Hitzeentwicklung im Gebäudeinneren erschwert. Die Hauptphase der Personenrettung fand zwischen 01:18 und 01:38 Uhr statt. In diesem Zeitraum konnten 114 Personen gerettet werden. Es waren zeitweise bis zu 100 Feuerwehrdienstleistende im Gebäudeinneren mit Brandbekämpfungsmaßnahmen betraut. Mehr Feuerwehrleute konnten zeitgleich nicht eingesetzt werden, ohne sich bei der Durchführung der Einsatzmaßnahmen gegenseitig zu behindern.

Um 04:14 Uhr wandte sich die Polizei an eine größere Menschenansammlung, die das Spektakel betrachtete und wies jeden, der einen Bewohner des Hochhauses kannte, an, wenn irgend möglich via Mobiltelefon oder sozialen Medien mit diesen Personen Kontakt aufzunehmen und sie aufzurufen, selber das Gebäude zu verlassen. Augenzeugen berichteten über dramatische Situationen vor Ort. Bewohner schalteten das Licht an und aus, um so auf sich aufmerksam zu machen. Andere winkten mit Tüchern aus den Fenstern oder hoben am Fenster stehend kleine Kinder in die Höhe. Insgesamt 4 Personen starben bei dem Versuch, sich durch einen Sprung aus dem Fenster selbst zu retten. Eine Person brachte sich durch zusammengeknöpfte Bettlaken in Sicherheit. Erst nach 12 Stunden gelang es der Feuerwehr einen älteren und behinderten Mann aus seiner Wohnung im 11. Stock zu retten. Am Abend des 14. Juni berichtete die London Fire Brigade, dass Einsatzkräfte insgesamt 65 Personen aus allen 24 Stockwerken des Gebäudes retten konnten. 74 Personen wurden vom London Ambulance Service mit Verletzungen in sechs Londoner Krankenhäuser eigeliefert, wovon sich insgesamt 20 in einem äußerst kritischen Zustand befanden.

Eingesetzte Kräfte

Neben der Berufsfeuerwehr London waren starke Einsatzkräfte der Metropolitan Police vor Ort, welche die Feuerwehr tatkräftig im Einsatz unterstützten, unter anderem mittels Schutzschildern, mit welchen sie die Feuerwehrkräfte vor herabstürzenden Bauteilen abschirmten.

Mehr als 100 Angehörige des London Ambulance Service mit 20 Einsatzfahrzeugen, unterstützt vom Hazardous Area Response Team, waren ebenfalls im Einsatz. Zudem die beiden Rettungshubschrauber vom London Royal Hospital.

3.1 Einsatzbeispiel: Brand des Grenfell Tower 2017

Brandursache

Brandermittler stellten fest, dass die neue vorgehängte und hinterlüftete Außenfassade des Gebäudes aus Aluminium-Verbundplatten und einer Wärmedämmung (beidseitig mit Aluminiumfolie kaschierte Hartschaumplatten aus Polyethylen) der maßgebliche Grund dafür war, dass sich das Feuer an der Außenfassade so schnell nach oben hin entwickeln und ausbreiten konnte. Der Bereich zwischen der Außenverkleidung und der dahinterliegenden Isolierung hat dabei regelrecht wie ein Kamin gewirkt und so die Ausbreitung des Feuers extrem begünstigt. Das Isoliermaterial war schwer entflammbar und beidseitig mit einer Aluminiumfolie bedampft, hatte jedoch keinen brandhemmenden Effekt. Ferner wurde festgestellt, dass die Brandriegel zur Vermeidung einer Brandausbreitung von unzureichender Größe und teilweise fehlerhaft verbaut wurden und folglich die Brandausbreitung weiter begünstigten. Erschwerend kam hinzu, dass der Wasserdruck im Hydrantensystem nicht ausreichend war, so dass erst die Londoner Wasserversorgungsbetriebe verständigt werden musste, um eine Druckerhöhung zu veranlassen.

Folgen für das eigene Handeln

- Die Einsatztaktik der London Fire Brigade unterscheidet sich nicht grundlegend von jener deutscher Feuerwehren. In der Regel bleiben auch in Deutschland die Bewohner in ihren Räumlichkeiten, sofern eine unmittelbare Gefährdung ausgeschlossen werden kann, während die Feuerwehr die Brandbekämpfung durchführt (analog »Stay-Put-Strategy« der London Fire Brigade). Die Einsatztaktik beider Länder basiert auf den bauordnungsrechtlichen Grundlagen eines funktionierenden vorbeugenden Brandschutzes.
- Insbesondere bei Hochhäusern aus den 60er und 70er Jahren, die aufgrund der Einführung der Energiesparverordnung mit Wärmeverbundsystemen nachgerüstet worden sind, ist nicht auszuschließen, dass es zu ähnlichen Problemstellungen kommen könnte. Deswegen ist stets eine umfassende Lageerkundung des gesamten Gebäudes, auch der Gebäudeaußenseiten durchzuführen.
- Die Verrauchung des einzigen Treppenhauses in Zusammenhang mit der Brandausbreitung hat zu einer weiteren extremen Verschärfung der Selbst- und Fremdrettung geführt.
- Dem Vorbeugenden Brandschutz sowie einer turnusmäßig ausgeführten Kontrolle, beispielsweise durch regelmäßig durchgeführte Brandverhütungsschauen, kommt hier eine wesentliche Bedeutung zu. Die Umsetzung und Einhaltung des Vorbeugende Brandschutzes gewährt einen

ausreichenden Personenschutz für Nutzer und Einsatzkräfte im Brandfall. Er ist somit die zwingenden Voraussetzungen für einen Einsatzerfolg, u. a. die Eigen- und Fremdrettung der von Schadensereignissen betroffenen Personen.

3.2 Schutzziel

Für Hochhäuser gelten in Deutschland im Bereich des baulichen und technischen Brandschutzes strenge Vorschriften. Dennoch muss die Feuerwehr – wie auch die in diesem Buch enthaltenen Beispiele zeigen – immer damit rechnen, dass Systeme ausfallen können. Dabei kann jeder einzelne Systemausfall zu einer erheblichen Erschwernis des Feuerwehreinsatzes führen. Für den Fall eines Stromausfalls verfügen viele Hochhäuser über ein Notstromaggregat, welches über einen gewissen Zeitraum elektrische Energie liefert. Fällt dieses jedoch aus, ist es fraglich, welche Systeme noch ordnungsgemäß oder überhaupt funktionieren.

Mit Sicherheit weiß niemand genau, wie viele versteckte Konstruktionsfehler in Hochhäusern »schlummern«, die sich wiederum nachteilig auf das Brandgeschehen auswirken können (Münchner Rückversicherungs-AG, 2000). Die heutigen Konstruktionsmethoden begünstigen solche Fehler eher, als dass sie diese vermeiden. Seitdem die Errichtung der tragenden Konstruktion, der Ausbau des Gebäudekerns und der Innenausbau nicht nur während der Entwurfsphase völlig voneinander getrennt durchgeführt werden, werden Fehler bis zum Abschluss der Arbeiten oft nicht entdeckt. Dies bedeutet oftmals aufwendige und teure Änderungsarbeiten.

In Deutschland gibt es einschlägige Vorschriften, welche den Brandschutz in Hochhäusern regeln. Die erste Musterhochhausrichtlinie der ARGE Bau stammt aus dem Jahr 1981. In Bayern existiert beispielsweise seit 1983 eine Hochhausrichtlinie, vorher gab es lediglich die Ausführungsrichtlinie zur Bayerischen Bauordnung (BayBO), die den baulichen Brandschutz im Hochhaus regelte (Bayerisches Staatsministerium des Innern, 1983). Die Musterhochhausrichtlinie beschreibt das Zusammenspiel zwischen abwehrendem und Vorbeugendem Brandschutz und bezieht sich in ihrer Erläuterung immer wieder auf verschiedene, teilweise auch in diesem Buch beschriebene Beispiele (Caracas am 17. Oktober 2004, Madrid am 13. und 14. Februar 2005).

In der Kommentierung zur Musterhochhausrichtlinie werden u. a. folgende Punkte genannt, um der Feuerwehr eine möglichst effektive Brandbekämpfung zu ermöglichen:

- Früherkennung eines Brandes.

- Automatische Alarmierung des Brandgeschosses mit einer automatischen Weiterleitung der Brandmeldung an die Feuerwehr.
- Die Verantwortung für die Räumung des Gebäudes muss beim Betreiber liegen, eine schnelle Selbstrettung auf gesicherten Rettungswegen muss möglich sein.
- Ziel ist es, dass der Feuerwehr ein gezielter und effektiver Löschangriff ermöglicht wird und der Brand sowie die Rauchausbreitung möglichst auf das Brandentstehungsgeschoss beschränkt bleiben.
- Einrichtung einer Gebäudefunkanlage.
- Vorhalten von Feuerwehreinsatzplänen, Anbringen von Geschossplänen.

Bei der Erarbeitung von Konzepten zur Hochhausbrandbekämpfung muss deswegen immer der Vorbeugende Brand- und Gefahrenschutz beteiligt werden. Dabei darf man nie vergessen, dass die Lebenszeit eines Gebäudes die Laufzeit eines Standards bei weitem übertreffen wird. Deswegen müssen Konzepte auf die baulichen Rahmenbedingungen abgestimmt werden und nicht umgekehrt. Dem Vorbeugenden Brand- und Gefahrenschutz kommt hier eine besondere Verantwortung zu. Arbeitet der Vorbeugende Brand- und Gefahrenschutz stimmig mit dem abwehrenden Brandschutz zusammen, so besteht eine große Chance, dass Szenarien wie das Feuer in Madrid oder der Brand des Grenfell Towers in London eher eine Ausnahme bilden. Deswegen soll im Folgenden auf die wesentlichen Bestandteile des baulichen und technischen Brandschutzes eingegangen werden.

3.3 Bauteile

Bei Hochhausbränden sind die Zugriffszeiten durch die Feuerwehr länger als bei »gewöhnlichen« Gebäudebränden. Auch muss mit einer längeren Evakuierungszeit und einer längeren Zeit für das Entfalten eines Löschangriffes durch die Feuerwehr gerechnet werden. Daher werden durch die Musterhochhausrichtlinie höhere Anforderungen an die tragenden und aussteifenden Bauteile gestellt. Mit Zunahme der Höhe, den daraus resultierenden längeren Rettungs- und Angriffszeiten, sowie den zunehmenden Schwierigkeiten einer funktionierenden Logistik bzw. Löschwasserversorgung erhöhen sich auch die Anforderungen an die Bauteile: Bei Hochhäusern unter 60 Metern Höhe müssen alle tragenden und aussteifenden Bauteile in F 90 ausgeführt werden, ist das Hochhaus höher als 60 Meter, wird dieser Faktor bereits verdoppelt (F 120). Bei Hochhäusern mit mehr als 240 Metern Höhe muss die Feuerwiderstandsdauer bei 180 Minuten liegen. Der Feuerwehr öffnen sich damit entsprechende Zeitfenster, in welchen sie, unterstützt durch die bauliche Struktur, entsprechende Maßnahmen planen und umsetzen kann. Raumabschließende Bauteile, soweit sie auch tragende oder aussteifende Funktion haben, müssen dieselben Voraussetzungen erfüllen.

Unter raumabschließenden Bauteilen versteht die Musterhochhausrichtlinie Brandwände, Geschossdecken, Wände von Installationsschächten, Wände von Fahrschächten und deren Vorräumen, Wände von notwendigen Treppenräumen und deren Vorräumen, Trennwände von Räumen mit erhöhter Brandgefahr, Trennwände zwischen Aufenthaltsräumen und anders genutzten Räumen im Keller sowie Wände und Brüstungen offener Gänge. Haben diese keine raumabschließende oder aussteifende Funktion, so müssen sie in F 90 errichtet werden. Allerdings geht die Musterhochhausrichtlinie auch von einer entsprechenden Früherkennung und wirkungsvollen Löschanlage aus. Alle anderen Wände innerhalb der Geschosse, beispielsweise auch die Wände zu einem notwendigen Flur, müssen mindestens 30 Minuten einem Feuer standhalten können.

3.4 Rettungswege

Rettungswege müssen so lange wie möglich rauchfrei gehalten werden. Um dies zu erreichen, sind den vertikalen Rettungswegen, also den Treppenräumen, Vorräume zugeordnet. Vorräume sind damit Teil der vertikalen Rettungswegsysteme. An diese Vorräume dürfen nur notwendige Flure und Treppenräume anschließen. Es werden folgende »Treppensysteme« unterschieden (Löbbert et al., 2004):
- außenliegende Treppenräume,
- innenliegende Treppenräume sowie
- Sicherheitstreppenräume.

3.4.1 Außenliegende Treppenräume

Außenliegende Treppenräume werden dann als solche bezeichnet, wenn zumindest die Tiefe eines Treppenpodestes an der Außenwand gelegen und von hier ausreichend belüftet und beleuchtet ist. Der Vorteil des Treppenraumes liegt darin, dass der Rauch, der trotz aller getroffenen Maßnahmen in den Treppenraum eingedrungen ist, entweichen kann. Das wird in der Regel durch Fenster sichergestellt. Bei Hochhäusern dürfen solche Treppenräume nur in Gebäuden mit einer maximalen

3.4 Rettungswege

Höhe von 60 Metern eingebaut werden und auch dann nur, wenn ein zweiter Treppenraum verfügbar ist.

Dasselbe gilt für den innenliegenden Treppenraum. Als innenliegende Treppenräume werden Treppenräume bezeichnet, die nicht an der Außenwand angeordnet sind und deren Nutzung ausreichend lange nicht durch Raucheintritt gefährdet ist. Dies wird in der Regel durch Rauch- und Wärmeabzugsanlagen (RWA) gewährleistet. Die Bilder 6 und 7 zeigen Beispiele für Sicherheitstreppenräume.

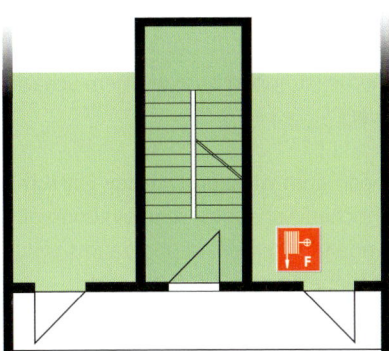

Bild 6: *Beispiel für einen Sicherheitstreppenraum. Der Zugang zum Treppenraum wird über einen Balkon sichergestellt. (Grafik: Grünwald/von Kaufmann)*

Bild 7: *Sicherheitstreppenraum bei einem Hochhaus in Berlin. Der abgesetzte Treppenraum und die Zugänglichkeit über Balkone sind deutlich zu erkennen. (Foto: von Kaufmann)*

3.4.2 Sicherheitstreppenraum

Hochhäuser ab einer Höhe von 60 Metern müssen über zwei Sicherheitstreppenräume verfügen. Ein Sicherheitstreppenraum schließt das Eindringen von Feuer und Rauch über eine gewisse Zeit aus. Die Einsatzbeispiele zeigen allerdings, dass auch Sicherheitstreppenräume ihre Grenzen haben. Bei den Sicherheitstreppenräumen unterscheidet man den:
- außenliegenden Sicherheitstreppenraum mit offenem Gang,
- den innenliegenden Sicherheitstreppenraum mit Lüftungssystem und Sicherheitsschleuse sowie
- den innenliegenden Sicherheitstreppenraum in einem Schacht mit natürlicher Belüftung (Firetower).

Ein außenliegender Sicherheitstreppenraum ist baulich relativ einfach herzustellen und kann – auch ohne großen technischen Aufwand – sehr wirkungsvoll sein (Bild 8). Die Wirksamkeit eines außenliegenden Sicherheitstreppenraums wird auch beim Einsatzbeispiel Schwanthalerstraße (siehe Kapitel 3.4.3) deutlich.

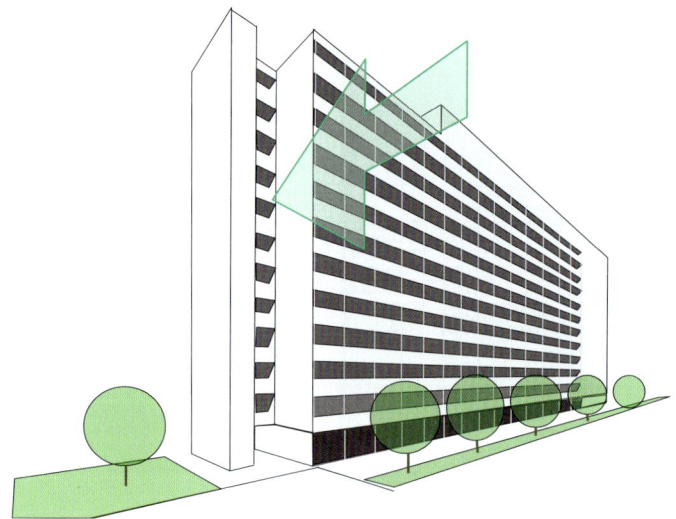

Bild 8: *Vom Gebäude abgesetzter Treppenraum. Im besten Fall bläst der Wind den Rauch über die freien Balkone so weg, dass der Treppenraum nicht betroffen ist. Diese einfache und technisch wenig aufwendige Konstruktion ist in der Praxis sehr effektiv. (Grafik: Grünwald/von Kaufmann)*

3.4 Rettungswege

Die Rauchfreihaltung bei innenliegenden Treppenräumen wird durch eine Lüftungsanlage sichergestellt. Durch die Lüftungsanlage muss ein Luftvolumenstrom von mindestens 10 000 m³/h (bei Sicherheitstreppenräumen zirka 18 000 m³/h) erreicht werden können. Die Wirksamkeit der Anlage setzt voraus, dass bei offenen Treppenraumtüren zum Brandgeschoss eine Abströmöffnung aus dem Brandgeschoss ins Freie mit mindestens 1,5 m² gegeben ist. Sofern diese Öffnung ins Freie nicht hergestellt werden kann (Festverglasung), ist bei offenen Treppenraumtüren zum Brandgeschoss die Rauchfreihaltung des Treppenraumes nicht mehr gesichert. Der Rettungsweg für alle über dem Brandgeschoss befindlichen Personen fällt somit aus!

In der jüngsten Vergangenheit wurde anhand von hydrostatischen Überlegungen aufgezeigt, dass Dichteunterschiede zwischen der Umgebungsluft und der Luft im Sicherheitstreppenraum, der in der Regel auf zirka 20 °Celsius aufgeheizt ist, vor allem im Winter zu erheblichen Druckdifferenzen führen. An einem kalten Wintertag (–10 °Celsius) beträgt die Druckdifferenz zwischen der Umgebung und einem 150 Meter hohen und auf 20 °Celsius erwärmten Treppenraum im geschlossenen Zustand 200 Pa. Bei solchen Druckdifferenzen sind die Türen, die von dem entsprechenden Geschoss in den Sicherheitstreppenraum führen, nur sehr schwer zu öffnen (Albers & Rahn, 2003). Das ist der Grund, warum es schwierig ist, ein gut funktionierendes Sicherheitstreppenhaus zu planen und zu betreiben. Störeinflüsse, wie das Vornehmen eines Lüfters oder das Offenhalten einer Vielzahl von Türen, können solche Systeme erheblich beeinträchtigen oder gar unwirksam machen. Da die Feuerwehr unter Umständen im Laufe des Einsatzes nicht umhin kommt, Türen aufzukeilen, muss immer in die Beurteilung einfließen, dass dieser Treppenraum nicht mehr als Rettungsweg zur Verfügung steht und auch die Situation für die eingesetzten Kräfte wesentlich kritischer wird (Rückzugsweg, Rauchausbreitung, siehe Bild 9).

Das unterschiedliche Gewicht von kalter Luft im Freien (z. B. –10 °Celsius) und warmer Luft im Treppenraum (z. B. 20 °Celsius) führt dazu, dass bei einem Brand in den unteren Geschossen ein wesentlich höherer Druck im Brandgeschoss vorhanden ist als im Treppenraum. Sofern Treppenraumtüren zum Brandgeschoss geöffnet sind, wird regelrecht Rauch in den Treppenraum gesaugt. Die Druckdifferenz verhindert ferner, dass die Türen nicht mehr selbsttätig schließen. Würde lediglich der Druck im Treppenraum durch den Einsatz eines Überdruckbelüfters erhöht, fände auch eine Drucksteigerung im oberen Teil des Treppenraumes statt. Der Druck im Treppenraum würde weit über dem Druck in den Geschossen erhöht. Die Türen könnten nicht mehr geöffnet werden (Bild 10)! Der Problematik, die nur bei großen Temperaturunterschieden auftritt, wird durch eine angepasste Lüftungssteuerung begegnet. Auf-

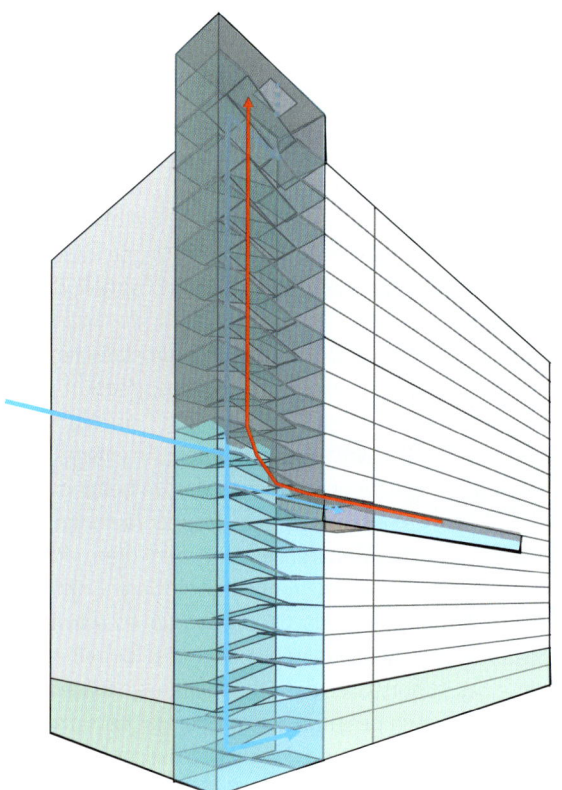

Bild 9: *Kann sich der Druck zwischen dem Treppenraum und der Nutzungseinheit ausgleichen, beispielsweise durch Offenhalten der Türen und ohne Abluftöffnung aus der Nutzungseinheit, verraucht der Treppenraum nach einiger Zeit; siehe auch Einsatzbeispiele Hochhausbrand in Chicago und Hochhausbrand in Los Angeles. (Grafik: Grünwald/von Kaufmann)*

grund der Komplexität und der Gefahr einer Störung der Regeltechnik muss dieser Effekt den Einsatzkräften dennoch bekannt sein.

Die Lüftungsanlage zur Rauchfreihaltung ist in der Regel darauf ausgelegt, dass maximal eine Treppenraumtür offenstehen darf. Sind mehrere Türen gleichzeitig geöffnet, stellt sich kein höherer Druck im Treppenraum als im Brandgeschoss ein und der Treppenraum verraucht. Das zeigen auch die Einsatzbeispiele aus New York, Los Angeles, Chicago und Philadelphia deutlich. Deswegen muss sich der Einsatzleiter bewusst sein, wann er in der Lage ist, einen Sicherheitstreppenraum aufzugeben. Dies ist der Fall, wenn er sich sicher ist, keine Personen mehr über ihn retten zu müssen und er die Möglichkeit hat, eventuell einen anderen Sicherheitstreppenraum für die Selbstrettung von Menschen frei zu halten.

3.4 Rettungswege

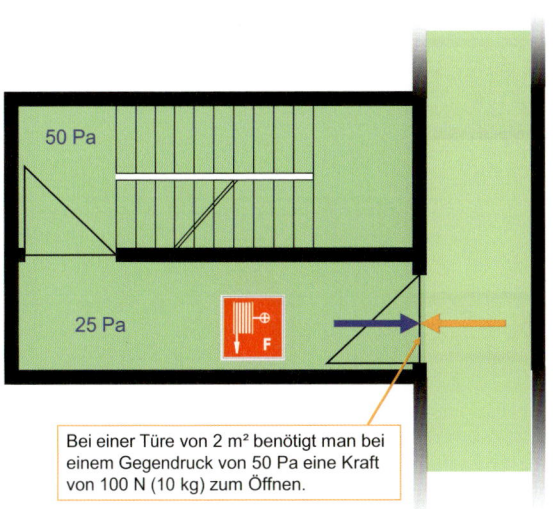

Bild 10: *Innenliegen- der Sicherheitstreppenraum mit Überdruckbelüftung (Grafik: Grünwald/von Kaufmann)*

Der innenliegende Sicherheitstreppenraum an einem Schacht mit natürlicher Belüftung wird auch »Firetower« genannt (Bild 11). Zumindest in Deutschland gilt er als nicht mehr zeitgemäß. Beim Firetower soll der Raucheintritt dadurch verhindert werden, dass der Treppenraum nur über einen Gang zu erreichen ist. Die Grundfläche des Schachtes muss mindestens fünf Meter auf fünf Meter betragen, die Länge des Ganges muss mindestens drei Meter erreichen. Der Querschnitt darf durch die Gänge auf maximal 15 m² eingeengt werden. An der Unterseite des Schachtes muss sich eine Zuluftöffnung befinden, die aus strömungstechnischen Gründen von dem Verhältnis der schmalen Seite des Schachtes zur Höhe abhängt (Löbbert et al., 2004)

Das folgende Einsatzbeispiel soll die Wirksamkeit eines außenliegenden Sicherheitstreppenraumes verdeutlichen.

3.4.3 Einsatzbeispiel Schwanthalerstraße 113

Ein auf einem Herd vergessener Kochtopf hat am 5. Mai 2007 gegen 23.18 Uhr einen Wohnungsbrand in einem 30 m² großen Appartement im 10. Obergeschoss eines Hochhauses in München ausgelöst.

Dabei ist ein Sachschaden von 500 000 Euro entstanden (Vath, 2007; Trepesch, 2007; Berufsfeuerwehr München, 2007a).

3 Baulicher und technischer Brandschutz

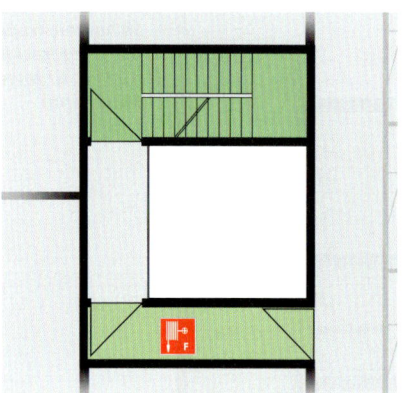

Bild 11: »*Firetower*« *(Grafik: Grünwald/ von Kaufmann)*

Bei dem Hochhaus im Stadtteil Westend handelt es sich um ein elfstöckiges Gebäude, welches in der klassischen Achtzigerjahre-Architektur errichtet worden ist. Es ist ein Gebäudekomplex, bei dem mehrere Hochhäuser aus einem gemeinsamen ein- bis zweigeschossigen Basisbauwerk aufwachsen. Zum Teil grenzen die einzelnen Hochhäuser direkt aneinander, sind aber nicht unmittelbar, beispielsweise durch Flursysteme, miteinander verbunden. Um die Fassade aufgelockert erscheinen zu lassen, sind die einzelnen Geschosse teilweise terrassenartig zueinander versetzt angeordnet worden, was sich im weiteren Einsatzverlauf als positiv erweisen sollte.

Jedes Hochhaus hat eine eigene Adresse, im Basisbauwerk sind Sonderbauten wie ein Elektronikgroßhandel und ein Möbelgeschäft untergebracht. Zudem befindet sich dort eine unterirdische Großgarage. Aus diesem Grund werden Teile des Gebäudes durch eine Brandmeldeanlage überwacht, die auch auf der Leitstelle der Berufsfeuerwehr München aufgeschaltet ist. Die Wohnbereiche verfügen über keine Brandmeldeanlage, lediglich in den Treppenräumen sind Druckknopfmelder vorhanden. Die Etagen oberhalb des Erdgeschosses stehen fast ausschließlich zum Wohnen zur Verfügung, oberhalb des 11. Stockwerkes befinden sich Techniketagen für die Versorgung der Hochhäuser und der Sondernutzungen im Basisbauwerk.

Die Zugänge zu den einzelnen Hochhäusern erschließen sich nicht gleich. Somit ist Ortskunde oder ein Feuerwehreinsatzplan notwendig. Einsatzpläne wurden allerdings nur für die erdgeschossigen Sonderbauten angefertigt. Darin sind zwar auch die Zugänge zu den einzelnen Wohntürmen verzeichnet, allerdings sind diese nicht den einzelnen Häusern zuzuordnen. Das Gebäude verfügt lediglich über einen Treppenraum. Dieser ist abgesetzt vom Bauwerk errichtet und erschließt über offene

3.4 Rettungswege

Laubengänge das jeweilige Geschoss. Der abgesetzte Treppenraum gilt als Sicherheitstreppenraum und hat seine Funktion auch über den gesamten Einsatz zufrieden stellend erfüllt. An die Laubengänge schließen Stichflure an, an welchen sich die jeweiligen Wohnungen aufreihen.

Der Zugang zu den Wohnungen und der Tiefgarage ist erdgeschossig in der Schwanthalerstraße angesiedelt. Ein Anleitern war auch für die unteren Geschosse nicht möglich. Somit mussten alle Aktionen über den einzigen zur Verfügung stehenden Treppenraum ausgeführt werden.

Zum Zeitpunkt des Einsatzes wurde in München noch der alte Hochhausstandard angewendet. Dieser sah beispielsweise das Anlegen eines Depotgeschosses noch nicht vor.

Aufgrund der zahlreichen Anrufe alarmierte die Integrierte Leitstelle der Berufsfeuerwehr München zwei Löschzüge und den I-Dienst sowie Einheiten der Freiwilligen Feuerwehr München.

Phase I

Die Feuerwache, welche den ersten Abmarsch stellte, war die Halbzugwache Westend (Feuerwache 3). Der Halbzug besteht aus dem Einsatzleitwagen (ELW), einem Hilfeleistungslöschfahrzeug (HLF), einer Drehleiter (DLK) und einem Sonderlöschmittelfahrzeug (SLF). Der Zug fuhr so an, dass der Brand im 10. Obergeschoss nicht eingesehen werden konnte. Der Halbzug der Feuerwache 3 wurde durch ein HLF der Hauptwache auf Zugstärke ergänzt.

Als die Zugführerin zur Erkundung vorging, kamen ihr bereits mehrere Hausbewohner entgegen, die sich über die Treppe oder Aufzüge in Sicherheit gebracht hatten. Die Zugführerin nahm bereits im Erdgeschoss leichten Brandgeruch war.

Die Besatzung des Hilfeleistungslöschfahrzeuges der Wache Westend ging in Stoßtrupptaktik vor. Der Maschinist begleitete den Stoßtrupp bis zur Rauchgrenze. Er kannte das Gebäude von einem im selben Jahr stattgefundenen Zimmerbrand, damals war die Wasserversorgung über die D-Leitung des vorhandenen Wandhydranten ausreichend. Der erste Stoßtrupp profitierte somit von der Ortskunde des Maschinisten. Nach der Einweisung des Stoßtrupps kehrte der Maschinist umgehend zu seinem Fahrzeug zurück.

Die Einspeisestelle in die trockene Steigleitung, die zusätzlich zu den Wandhydranten vorhanden war, konnte nicht schnell genug gefunden werden. Sie befand sich im 1. Obergeschoss im Außenbereich der notwendigen Treppe und war durch eine parallel geführte Außentreppe in das erste Obergeschoss zugänglich.

Die Zugführerin wollte sich nicht auf die Leistung der Wandhydranten verlassen und befahl sofort bei Einsatzbeginn den Aufbau einer C-Leitung. Im 10. Obergeschoss wurde an der C-Leitung ein Verteiler gesetzt. Die C-Leitung im ersten Zugriff erschien aus der Situation heraus die bessere Alternative zu sein, da sie durch die zwei Mann Besatzung des SLF wesentlich schneller zu verlegen war als eine B-Leitung.

Der erste Stoßtrupp stieg über den Treppenraum auf, der auch im 10. und 11. Obergeschoss rauchfrei war und dieses auch über den gesamten Einsatz blieb.

Oben angekommen, versuchte der Stoßtrupp den D-Schlauch des Wandhydranten zu verwenden, aus diesem kam aber kein Wasser. Daraufhin beschloss er das mitgeführte Schlauchmaterial an den Wandhydranten anzuschließen und ging weiter vor in den Innenangriff. Noch während des Aufbaus der C-Leitung durch die Besatzung des SLFs meldete der erste Stoßtrupp, dass er nicht über genügend Druck zur Brandbekämpfung verfüge, um einen effektiven Angriff durchführen zu können.

Bild 12: *Situation im Treppenraum. Gut zu erkennen sind die erst verlegte C-Leitung sowie die B-Leitung, die im weiteren Verlauf zur Sicherstellung der Wasserversorgung aufgebaut wurde. (Foto: Berufsfeuerwehr München)*

3.4 Rettungswege

Auch der Versuch, den Hauptmelder einzuschlagen und damit den Druck der Wandhydranten zu erhöhen, schlug fehl. Erst als die C-Leitung bis in das 10. Obergeschoss fertig verlegt worden war, konnte eine effektive Brandbekämpfung durchgeführt werden. Das Feuer hatte sich zwischenzeitlich bereits in den notwendigen Flur ausgebreitet, deswegen kam der Stoßtrupp nur langsam voran.

Ursache dafür waren – wie sich später herausstellte – Verunreinigungen in der Leitung der Wandhydranten, die letztendlich zum Verstopfen der eingesetzten Strahlrohre führten. Der Wandhydrant war das letzte Mal im April 2007 ohne Mängel durch einen Sachverständigen geprüft worden.

Von der Zugführerin wurde zwischenzeitlich die Bewohnerin des Appartements, in welchem das Feuer ausgebrochen war, aufgefunden. Sie wurde von einem Nachbarn in Sicherheit gebracht und mit einer leichten Rauchgasintoxikation ins Krankenhaus gefahren.

Der Inspektionsdienst, der von der Hauptfeuerwache kommt, konnte schon auf der Anfahrt einen heftigen Wohnungsbrand erkennen, der bereits im Begriff war, sich in das 11. Obergeschoss auszubreiten. Dies meldete er sofort der Leitstelle, die den Direktionsdienst, einen weiteren Löschzug und den Teleskopgelenkmast alarmierte.

Phase II

Der Inspektionsdienst teilte die Einsatzstelle in den Einsatzabschnitt »Brandbekämpfung« (9. bis 11. Obergeschoss, Abschnittsleitung: Zugführerin der Feuerwache Westend) und in einem Einsatzabschnitt »Kontrolle« (Absuchen der Treppenräume) auf. Um eine nachhaltige Wasserversorgung sicher zu stellen, wurde eine B-Leitung in das Brandgeschoss verlegt (Bild 12).

Das Aufbauen der Wasserversorgung in das 10. Obergeschoss zog eine zeitliche Verzögerung nach sich. Um zu vermeiden, dass es in dieser Zeit zu einem Überspringen des Feuers in die Nutzungseinheiten im 11. Obergeschoss kommt, wurde der zweite Löschzug der Hauptfeuerwache durch ein HLF der Feuerwache Sendling ergänzt und damit beauftragt, mittels Wenderohr der Drehleiter die Brandbekämpfung von außen aufzunehmen. Die Wurfweite des Wenderohres war gerade noch ausreichend, um das Feuer soweit einzudämmen, dass es nicht auf das 11. Obergeschoss übergreifen konnte.

Die Besatzung des Ergänzungs-HLF der Hauptfeuerwache, welches im Abschnitt »Brandbekämpfung« eingesetzt wurde, bekam den Auftrag, das 11. Obergeschoss abzusuchen. Im 11. Obergeschoss befanden sich allerdings nur vier Wohnungen, aus denen sich die Bewohner bereits selbst gerettet hatten. Der Stoßtrupp konnte deswegen anschließend von einem Balkon der Wohnung, die sich neben der über der Brandwohnung gelegenen Wohnung befand, das Feuer beobachten.

Das Gebäude ist – wie schon beschrieben – in diesem Teil terrassenförmig errichtet. Somit hat sich die Möglichkeit ergeben, über eine Leiter auf den Balkon der Wohnung abzusteigen, die sich unmittelbar neben der Brandwohnung befunden hat und von dort aus die Brandbekämpfung aufzunehmen. Dafür wurde vom Verteiler der C-Leitung ein zweites C-Rohr vorgenommen. Der Einsatz beider Rohre (über den Balkon der Wohnung und über den notwendigen Flur) hat dann zum Erfolg geführt. Hier haben sich zum ersten Mal die umfangreiche Ausrüstung und die personelle Stärke des Stoßtrupps bewährt. Der Stoßtruppführer hat sofort die sich ihm bietende Chance erkannt und schnell und eigenständig – auch aufgrund des ihm zur Verfügung stehenden Personals und Materials – handeln können.

Phase III
Ob sich alle Bewohner der Appartements im 10. Obergeschoss bereits in Sicherheit bringen konnten, stand zu diesem Zeitpunkt noch nicht fest. Ein Absuchen der verbleibenden Wohnungen war bis zu diesem Zeitpunkt noch nicht möglich, da das Feuer so stark wütete, dass der Fluchtweg über den notwendigen Flur für die betroffenen Wohnungen abgeschnitten war. Der Stoßtruppführer hatte sich somit für die Brandbekämpfung entschieden, um die teilweise schon in Mitleidenschaft gezogenen Appartements im 10. Obergeschoss zu schützen und Bedingungen im notwendigen Flur zu schaffen, unter denen eine Menschenrettung wieder möglich ist. Letztendlich hat sich jedoch herausgestellt, dass lediglich eine Bewohnerin eines Appartements im 10. Obergeschoss in Sicherheit gebracht werden musste. Sie hatte zuvor bei der Leitstelle der Berufsfeuerwehr einen Notruf abgesetzt. Deswegen war ihre Wohnung auch bekannt, sodass sie gezielt gerettet werden konnte. Alle weiteren Bewohner des Brandgeschosses hatten sich bereits selbst in Sicherheit bringen können, trotzdem wurden die Wohnungen kontrolliert. Neben dem Stoßtrupp der Berufsfeuerwehr wurde wenig später auch ein Stoßtrupp der Freiwilligen Feuerwehr zum nochmaligen Absuchen der Wohnungen im 10. Obergeschoss eingesetzt.

Der Brandrauch hat sich teilweise bis in die unteren Geschosse ausbreiten können. So wurden zur Entrauchung nicht nur im 10. Obergeschoss, sondern auch im 9. Obergeschoss Überdruckbelüfter eingesetzt. Auch im 3. Obergeschoss war noch Brandrauch wahrnehmbar. Die Hausbewohner reagierten teilweise wenig besonnen, letztendlich mussten aufgrund ihrer Reaktion und der Rauchausbreitung insgesamt 60 Menschen evakuiert werden. Dies war Aufgabe des Einsatzabschnittes »Kontrolle«, der durch starke Kräfte der Freiwilligen Feuerwehr unterstützt wurde, sodass

3.4 Rettungswege

genügend Personal zum zeitnahen Absuchen der betroffenen Bereiche zur Verfügung stand. Alle Personen wurden durch die Besatzung des Großraumrettungswagens (GRTW) registriert, um sie ihren Wohnungen zuordnen zu können. Somit konnte relativ schnell festgestellt werden, wo eventuell noch Personen vermisst werden. Die evakuierten Hausbewohner wurden in der Lobby eines nahe gelegenen Hotels untergebracht und mit Heißgetränken versorgt. Sie konnten dort auch die Nacht verbringen.

Folgen für das eigene Handeln:

- Der Einsatz hat deutlich gezeigt, wie wichtig das Vorhandensein von Einsatzplänen ist. Gerade bei Hochhäusern handelt es sich oft um sehr komplexe, ineinander verschachtelte Bauwerke. Nicht immer erschließen sich Zugangssituationen oder die Lage der Einspeisevorrichtungen der Löschwasseranlagen (früherer Begriff: »Steigleitungen«) logisch, auch wenn das ein Ziel des Vorbeugenden Brand- und Gefahrenschutzes sein sollte. Gerade in der hektischen Anfangsphase bleibt wenig Zeit, um solche Dinge zu erkunden.
- Der Einsatz hat auch gezeigt, dass ein Versagen der Haustechnik, auch wenn sie geprüft wurde, möglich ist. Führungswille und lageangepasstes Handeln sowie das Können des eigenen Personals bleiben dann als einzige Kompensation. Mit dem Außenangriff wurde durch die Einsatzleitung zumindest ein ausreichend großes Zeitfenster geöffnet, um die Schlauchleitung noch rechtzeitig fertig stellen zu können.
- Zum Zeitpunkt des Brandereignisses war das Hochhauskonzept der Feuerwehr München zwar schon in weiten Teilen fertig gestellt, allerdings noch nicht auf den Feuerwachen umgesetzt und trainiert worden. Trotzdem wurden bereits Elemente erfolgreich angewendet, wie das strikte Gliedern von Einsatzabschnitten und das Einsetzen von Stoßtrupps.
- Brände in Wohnhochhäusern unterscheiden sich von Bränden in kommerziell genutzten Hochhäusern vor allem durch die baulichen Strukturen und das Verhalten der Bewohner. Die Evakuierung oder Eigenrettung findet individuell statt. Es gibt keinen Ansprechpartner, der über bereits angelaufene, planmäßig durchgeführte Evakuierungsmaßnahmen berichten kann. Zudem benutzen die Bewohner die ihnen bekannten Strukturen, d. h. auch die Aufzüge. Diese müssen deshalb schnellstmöglich kontrolliert werden.
- Zum Teil haben die Bewohner überreagiert und Rauch wahrgenommen, wo keiner vorhanden war. Allerdings hat sich in vielen Geschossen

Bild 13: *Deutlich ist zu erkennen, wie der Brandrauch über die Tür des notwendigen Flures ins Freie entweicht, der Sicherheitstreppenraum war den ganzen Einsatz über rauchfrei, siehe auch Bild 12. (Foto: Berufsfeuerwehr München)*

tatsächlich Rauch nach unten ausgebreitet. Nachdem der Sicherheitstreppenraum zu keinem Zeitpunkt verraucht war, muss der Rauch durch die bauliche Struktur nach unten »gesickert« sein (Bild 13).

- Das Sammeln der Hausbewohner an einem zentralen Ort und das Rekonstruieren, welche Wohnungen somit bereits leer stehen, spart Personal und Zeit.

3.5 Rauchfreihaltung und Entrauchung durch Gebäudetechnik

In der Regel verfügen zumindest große Bürohochhäuser über entsprechende Anlagen zur Entrauchung und Rauchfreihaltung. Mit dem Auslösen eines Brandmelders oder einer Sprinkleranlage sollten diese Anlagen automatisch anfahren. Ziel der Steuerung der Anlagen ist es, dass der Rauch auf seinen Ursprungsort begrenzt bleibt und damit auch die Rettungswege nutzbar bleiben. Dies wird durch Öffnen oder Schließen der verschiedenen Entlüftungs- und Entrauchungseinrichtungen erreicht. Es gibt sogar Gebäude, bei denen Stockwerke ober- und unterhalb des Brandgeschosses unter Überdruck gesetzt werden, um damit den Rauch auf das Brandgeschoss zu beschränken (Bild 14). Das Steuern solcher Anlagen durch die Feuerwehr ist nur möglich, wenn eine in das System eingewiesene Person, beispielsweise ein Techniker, zur Verfügung steht. Dieser kann allerdings nur die Anlagensteuerung beeinflussen, nicht aber die Wirkung der Maßnahmen abschätzen. Somit ist fraglich, ob die Feuerwehr dadurch einen besseren Erfolg erzielt. Arbeitet eine automatisch gesteuerte Anlage nicht so wie sie soll, kommt es also zu einer Rauchausbreitung in anderen Bereichen, sollte die Anlage im Zweifelsfall zuerst einmal abgestellt werden.

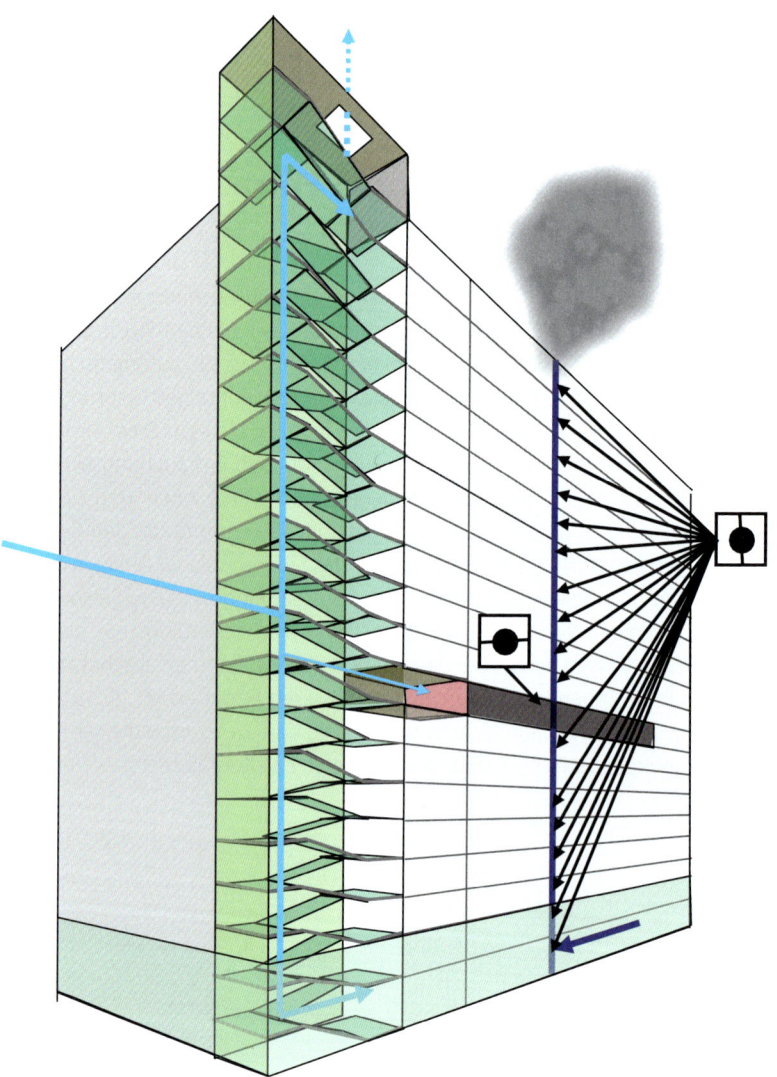

Bild 14: Der Treppenraum wird unter Überdruck gesetzt, sodass der Rauch aus der brennenden Nutzungseinheit nicht in diesen eindringen kann. Zudem müssen aber über eine Entrauchungsanlage die Brandgase abgeführt werden, da es spätestens bei Einsatz der Feuerwehr zu einem Druckausgleich zwischen dem Brandraum und dem Treppenraum durch das Aufkeilen der Türen kommt und der Rauch dann ungehindert in den Treppenraum strömt. (Grafik: Grünwald/von Kaufmann)

3.6 Notwendige Flure

Das Rettungswegsystem in Hochhäusern ist eine Abfolge von Räumen mit vom vertikalen zum horizontalen Erschließungssystem abgestuften Brandschutzanforderungen und kann als »Sicherheitskaskade« bezeichnet werden (Fachkommission Bauaufsicht (MHHR), 2005). Das bedeutet, dass der vertikale Rettungsweg durch das Baurecht als der wichtigere – gerade beim Hochhaus – angesehen wird. Beim vertikalen Rettungsweg muss immer eine Redundanz vorhanden sein, während beim horizontalen Rettungsweg (dem notwendigen Flur) beide Fluchtwege über denselben Flur in verschiedene Treppenräume oder einen Sicherheitstreppenraum führen dürfen.

Die Musterhochhausrichtlinie schließt aus, dass Ausgänge aus Nutzungseinheiten unmittelbar in Vorräume von notwendigen Treppenräumen, Feuerwehraufzügen oder in notwendige Treppenräume führen dürfen. Diese Maßnahme ist erforderlich, um das unmittelbare Eindringen von Feuer und Rauch aus einer Nutzungseinheit in Vorräume oder notwendige Treppenräume zu verhindern. Für die Feuerwehr bedeutet dies eine erhöhte Sicherheit, da es in modernen Hochhäusern zumindest theoretisch nicht mehr vorkommen dürfte, dass sich die Tür eines Feuerwehraufzugs öffnet und der Trupp im Brandrauch steht. Die Vorräume dienen als Schleuse und als – wenn auch oft kleine – Entwicklungsfläche. Es bleibt zu hoffen, dass der Wandhydrant in diesem Vorraum installiert worden ist. Dann kann die Tür zum Treppenraum – zumindest beim ersten Zugriff – geschlossen bleiben, wenngleich sie als Rückzugsweg überwacht werden muss.

3.7 Aufzüge

Die Benutzung von Aufzügen durch die Feuerwehr bei Hochhausbränden ist umstritten. Die Feuerwehr von Los Angeles verzichtet beispielsweise vollständig auf das Benutzen eines Aufzuges im Brandfall. Die meisten Feuerwehren Deutschlands, so beispielsweise auch die Feuerwehr München, benutzen Aufzüge nur, wenn es sich um Feuerwehraufzüge handelt. Das Benutzen von normalen Aufzügen kann zu einer erheblichen Gefährdung der Einsatzkräfte führen. Diese Erfahrung hat auch die Berufsfeuerwehr München machen müssen (Bild 15) (Von Kaufmann & Schmid, 2007).

3 Baulicher und technischer Brandschutz

Bild 15: *Bei einem Brand in einem Seniorenwohnheim in München kamen 1978 zwei Feuerwehrangehörige in einem Aufzug durch Brandrauch ums Leben. (Foto: Berufsfeuerwehr München)*

Merke:
Ist kein Feuerwehraufzug vorhanden, wird der Aufstieg zu Fuß durchgeführt!

Hochhäuser ab einer Höhe von 30 Metern müssen mindestens einen Aufzug haben, der im Brandfall der Feuerwehr zur Verfügung steht (Feuerwehraufzug). Dies ist bei bestehenden Hochhäusern jedoch häufig nicht gegeben, zumindest nicht nach dem heutigen Standard gemäß DIN EN 81-72:2015-06: Sicherheitsregeln für die Konstruktion und den Einbau von Aufzügen – Besondere Anwendungen für Personen- und Lastenaufzüge – Teil 72: Feuerwehraufzüge.

Viele Hochhäuser sind zu einer Zeit errichtet worden, in der lediglich eine Vorrangschaltung für die Feuerwehr gefordert wurde. Erst mit der Einführung der Hochhausrichtlinien wurden beispielsweise Vorräume zu den Aufzügen gefordert. Deshalb erfüllen viele Aufzüge aus heutiger Sicht die Anforderungen an einen

3.7 Aufzüge

Feuerwehraufzug nicht, sie lassen sich nicht in der vorgeschriebenen Art bedienen oder erfüllen nicht die geforderten Sicherheitsstandards.

Aufzüge müssen regelmäßig geprüft werden. Feuerwehraufzüge werden allerdings wie normale Aufzüge im Regelbetrieb geprüft und nicht in ihrer eigentlichen Funktion. Dies kann erhebliche Folgen für die Sicherheit des Einsatzpersonals haben. Neben dem Schärfen des Bewusstseins, dass ein Feuerwehraufzug auch nicht so funktionieren kann wie er soll, sollte darauf hingewirkt werden, dass er in einem solchen Fall das Prädikat »Feuerwehraufzug« verliert. Ist kein Feuerwehraufzug vorhanden, muss der Aufstieg zu Fuß durchgeführt werden – mit allen Nachteilen für die Reaktionszeiten und die Einsatzfähigkeit der Feuerwehrangehörigen.

Oft gilt es im Rahmen der Einsatzplanung abzuwägen, ob der vorhandene Feuerwehraufzug sicher genug ist oder ob er so viele Mängel aufweist, dass er nicht mehr als Feuerwehraufzug verwendet werden kann. Mindestanforderung sollte sein, dass der Aufzug über einen feuerbeständigen Schacht verfügt, ein brandlastfreier Vorraum vorhanden ist, eine Türsteuereinrichtung, die nicht durch Wärme und Rauch zu beeinträchtigen ist, vorhanden ist, der Feuerwehraufzug an eine Ersatzstromversorgung angeschlossen ist, Kabel und Leitungen getrennt und feuerbeständig verlegt sind und sich der Aufzug bei einem Netzausfall in spätestens 15 Sekunden wieder einschaltet. Zudem müssen alle elektrischen Einrichtungen gegen Spritzwasser geschützt sein (Bachmeier & Maiworm, 2008). Ein wesentliches Argument ist auch das Vorhandensein einer Notausstiegsluke. Nur diese ermöglicht eine Selbstrettung des eingeschlossenen Trupps.

Das verbleibende Restrisiko führt dazu, dass der Lungenautomat angeschlossen werden muss wenn ein Feuerwehraufzug benutzt wird. Im Gegensatz zum Aufstieg über die notwendige Treppe, der langsam von sich geht und somit eine gewisse Reaktionszeit zulässt, steht der den Aufzug benutzende Trupp unter Umständen unmittelbar im Brandgeschehen, wenn sich die Türen öffnen.

Im Folgenden werden die wesentlichen Forderungen der Musterhochhausrichtlinie und der DIN EN 81-72 »Sicherheitsregeln für die Konstruktion und den Einbau von Aufzügen – Besondere Anwendungen für Personen- und Lastenaufzüge – Teil 72: Feuerwehraufzüge« aus einsatztaktischer Sicht zusammengefasst.

Vom Feuerwehraufzug muss jeder Punkt eines Aufenthaltsraumes in höchstens 50 Metern Entfernung erreichbar sein. Weitere Feuerwehraufzüge können bei Hochhäusern verlangt werden, bei denen der Fußboden mindestens eines Aufenthaltsraumes mehr als 60 Meter über der Geländeoberfläche liegt. Die Aufzüge sollen so liegen, dass die Entfernungen zu den Aufenthaltsräumen möglichst kurz sind.

Jeder Feuerwehraufzug ist in einem eigenen Schacht anzuordnen, jedoch können mehrere Feuerwehraufzüge in einem Schacht verlaufen. Ein Feuerwehraufzug muss in jedem Geschoss des Hochhauses eine Haltestelle haben, die durch einen Vorraum zugänglich ist. Die Sprechverbindung muss bei Inbetriebnahme des Feuerwehraufzuges an der Hauptzugangsstelle gleichzeitig mit eingeschaltet werden (BayBo). Feuerwehraufzüge verfügen über einen separaten Vorraum. Dieser ist in seiner Größe so zu bemessen, dass darin Platz für eine Krankentrage besteht. Der Vorraum kann aber auch als eine Art Entfaltungsfläche für die Feuerwehr angesehen werden. Um eine ausreichende Wasserversorgung zu gewährleisten, ist im Vorraum ein Typ »F«-Wandhydrant vorhanden.

Um die Kommunikation mit den Benutzern des Feuerwehraufzuges zu ermöglichen, muss eine Gegensprechverbindung vorhanden sein. Somit hat auch der Truppmann, der im Aufzug verbleibt, die Möglichkeit, mit dem Einsatzleiter in der Lobby zu kommunizieren. Die Forderung nach einem Angehörigen des ersten Stoßtrupps, der den Aufzug ständig besetzt hält, ist ebenfalls wichtig. Nur wenn der Schlüssel im Aufzug stecken bleibt und ein Feuerwehrangehöriger zu dessen Bedienung abgestellt ist, ist gewährleistet, dass der Aufzug ständig und an der richtigen Stelle zur Verfügung steht. Um im Notfall aussteigen zu können verfügen Feuerwehraufzüge über Leitern. Diese sind meistens in einer Art »Schrank« untergebracht, der in die Innenverkleidung integriert ist. Zudem ist eine Ausstiegsklappe im Dach des Aufzugs vorhanden. Über diese Klappe kann aus dem Fahrkorb in den Schacht ausgestiegen werden. Die Klappe ist nicht immer sofort zu erkennen, sie kann ebenfalls mit einer Verkleidung verblendet sein. Schrank und Klappe lassen sich entweder mit einer feuerwehreigenen Schließung oder dem Feuerwehrbeil öffnen, es kann aber auch sein, dass hierfür ein eigener Schlüssel notwendig ist. Deswegen muss der Stoßtruppführer darauf achten, dass er alle verfügbaren Schlüssel mitführt.

Um zu gewährleisten, dass der Feuerwehraufzug ständig – auch bei Ausfall der Stromversorgung – gefahren werden kann, ist er an eine Sicherheitsstromversorgung angeschlossen. Die Kabel sind getrennt von den Kabeln der anderen Aufzüge verlegt und feuerbeständig ausgeführt. Bei Netzausfall schaltet sich der Feuerwehraufzug automatisch wieder ein. Ein Problem war oftmals der Ausfall von Aufzügen aufgrund von Löschwasser. Deswegen müssen die Versorgungseinrichtungen spritzwassergeschützt sein. Somit ist der Feuerwehraufzug auch bei Ausfall der regulären Stromversorgung für acht Stunden weiterhin einsatzbereit, das gilt auch für die Stockwerksanzeigen.

3.8 Sprinkleranlagen

Das Konzept des baulichen Brandschutzes setzt das Vorhandensein einer örtlichen Feuerwehr sowie einer ausreichenden Löschwasserversorgung voraus.

Moderne Hochhäuser verfügen – soweit es sich um Bürohochhäuser handelt – über eine Löschanlage. Meist ist dies eine Sprinkleranlage, die im Einsatzfall die Feuerwehr unterstützen kann. Im Rahmen einer amerikanischen Studie wurde festgestellt, dass die Verletzungsgefahr von Feuerwehrleuten bei Bränden in Gebäuden ohne oder ohne funktionierende Sprinkleranlage siebenmal höher ist, als bei Bränden mit einer funktionierenden Sprinkleranlage (Jennings, 1989). Die Erfolgsquote liegt bei 97,9 Prozent, das heißt, dass nur 2,1 Prozent der registrierten Brandfälle trotz vorhandener Sprinkleranlage nicht gelöscht werden konnten (Löbbert et al., 2004). Das Beispiel aus Caracas zeigt deutlich, welche Auswirkung das Versagen der Sprinkleranlage für den weiteren Brandverlauf haben kann.

Sprinkleranlagen sind stationäre Löschanlagen. Sie bringen Wasser über Rohrleitungen zum Brandherd, das dann über Sprinklerdüsen ausgestoßen wird. So können Entstehungsbrände gelöscht oder zumindest klein gehalten werden. Sprinkler werden automatisch ausgelöst, sie müssen nicht erst durch die Feuerwehr in Betrieb genommen werden. In der Regel gibt es keine Möglichkeit, Wasser direkt in die Sprinklerleitung einzuspeisen und somit beispielsweise den Druck zu erhöhen oder bei Ausfall einer Sprinklerpumpe diese durch eine Fahrzeugpumpe zu ersetzen. Bei einigen Sprinkleranlagen kann der Vorratsbehälter durch die Feuerwehr befüllt werden, deshalb findet man auch Einspeisestellen für Sprinkleranlagen. Damit es zu keinem Ausfall der Sprinkleranlage kommt, kann diese redundant ausgebaut sein. Das heißt, bei Ausfall einer Sprinklerpumpe kann eine zweite deren Funktion übernehmen. Sprinkleranlagen müssen zwei Löschwasserleitungen (Steigleitungen) in getrennten Schächten haben, damit bei Ausfall einer Leitung die Löschwasserversorgung über eine zweite Leitung in einem anderen Schacht gesichert ist. Die Leitungen werden als Ringleitungen verlegt. Ringleitungen werden durch die Musterhochhausrichtlinie zwingend ab einer Gebäudehöhe von 60 Metern gefordert. Somit kann ein Sprinklerkopf von zwei Seiten eingespeist werden. Eine verstopfte Leitung hat somit noch nicht zur Folge, dass ein ganzer Ast ausfällt.

Sprinkleranlagen sind so zu dimensionieren, dass sie den Brandüberschlag von Geschoss zu Geschoss ausreichend lang verhindern können. Dies gilt nicht für Wohnhochhäuser. Hier geht man von einer kleinteiligen Parzellierung aus. Größe und Trennung der einzelnen Nutzungseinheiten erlauben dort das Verzichten auf eine Sprinkleranlage. Bei einem Ausfall der Sprinkleranlage auf einem Geschoss

3 Baulicher und technischer Brandschutz

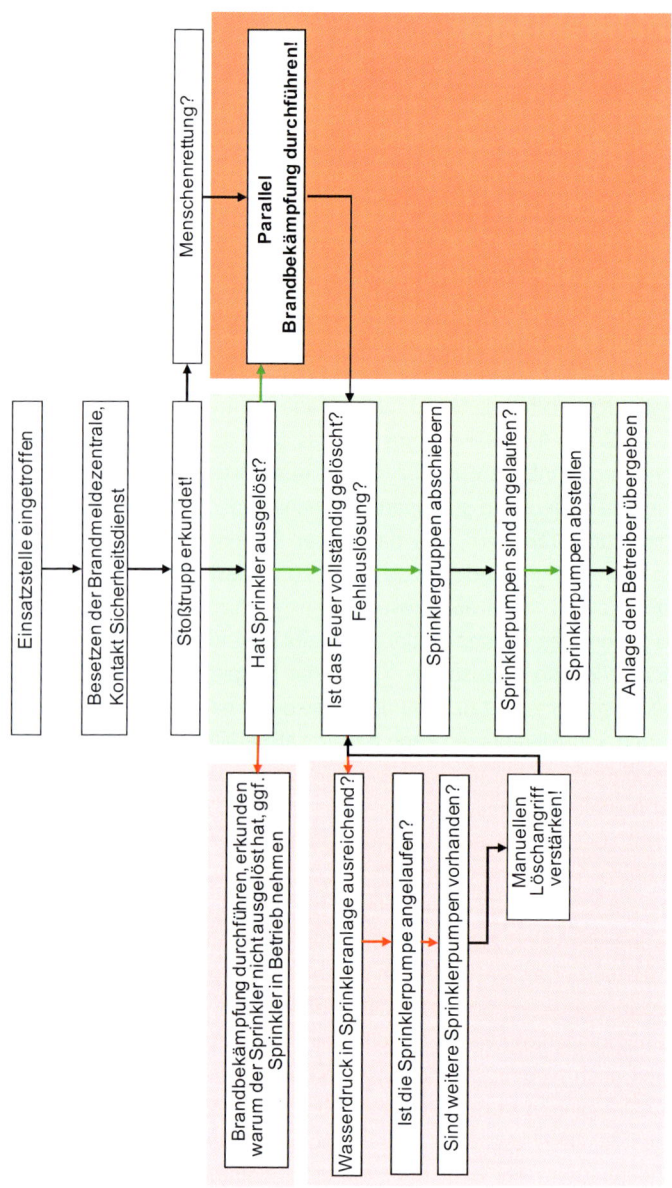

Bild 16: *Einsatzablauf in einem durch eine Sprinkleranlage geschützten Hochhaus (Grafik: Grünwald/von Kaufmann)*

3.8 Sprinkleranlagen

müssen die Anlagen in den anderen Geschossen betriebsbereit bleiben. Die automatischen Feuerlöschanlagen müssen flächendeckend nach der Kategorie »Vollschutz« ausgelegt werden. Die Anordnung feuerbeständiger Brüstungen von einem Meter Höhe oder auskragender Bauteile hat sich als nicht wirksam erwiesen (siehe Einsatzbeispiele Madrid und Los Angeles). Dies entspricht auch nicht mehr den heutigen architektonischen Standards (Fachkommission Bauaufsicht (MHHR), 2005; DIN 14462).

Wichtig für den Einsatz der Feuerwehr ist, dass die Anlage grundsätzlich erst dann abgeschaltet wird, wenn feststeht, dass es sich um eine Fehlauslösung handelt und kein Brandherd vorliegt oder dass das Feuer durch die Sprinkleranlage restlos abgelöscht wurde. Ein weiterer Grund kann sein, dass die Feuerwehr ein durch die Sprinkleranlage klein gehaltenes Feuer im Innenangriff wirksam bekämpft hat (Kemper, 2003). Die Anlage darf also nicht abgestellt werden, bevor die Feuerwehr an der Stelle des ausgelösten Sprinklerkopfes war und den Grund für dessen Auslösung kennt beziehungsweise das Feuer, welches zur Auslösung der Anlage geführt hat, restlos bekämpft ist! Das bedeutet, dass eine Brandbekämpfung im klassischen Sinn auch beim Vorhandensein einer Sprinkleranlage durchgeführt werden muss. Das Bild 16 fasst den Einsatzablauf beim Vorhandensein einer Sprinkleranlage zusammen.

3.8.1 Einsatzbeispiel Parque Central, Caracas

Am 15. Oktober 2004 brach kurz vor Mitternacht im 34. Obergeschoss im Ostturm des Parque Central, einem 56-geschossigen Hochhaus in Caracas/Venezuela, ein Feuer aus (Moncada, 2005). In dem Gebäude befand sich zum Zeitpunkt des Brandausbruchs lediglich das Sicherheitspersonal. Ungeachtet der Tatsache, dass das Gebäude über eine Sprinkleranlage verfügte, verursachte das Feuer einen Schaden von mehr als 250 Millionen US-Dollar. Wie die Ermittlungen ergaben, war die Sprinkleranlage nie auf ihre Funktionsfähigkeit getestet worden. Zudem war die Alarmierungseinrichtung nicht auf die Leitstelle der Feuerwehr aufgeschaltet. Auch die Standleitungen waren zum Zeitpunkt des Brandes nicht funktionsfähig.

Die Doppeltürme des höchsten südamerikanischen Hochhauses wurden zwischen 1970 und 1982 errichtet. Das Gebäude hatte eine Höhe von insgesamt 221 Metern. Der Komplex beinhaltete neben Büroflächen auch 1 100 Einzelhandelsgeschäfte. Jedes Geschoss verfügte über acht Aufzugsbatterien und zwei Fluchttreppenräume (Sicherheitstreppenräume). Beim Bau des Gebäudes wurde besonderer Wert darauf gelegt, »State-of-the-art« in der damaligen Hochhaussicherheit zu sein. Das Hochhaus verfügte über Rauchmelder, eine Steigleitung und eine Sprinkleranlage. Zudem konnten die Treppenräume unter Überdruck gesetzt werden. Jedoch leckten die Sprinkler bereits kurz nach der Inbetriebnahme des Gebäudes. Anstatt die Sprinklerköpfe zu wechseln, wurden Ventile eingebaut, um die Sprinkleranlage zu »managen«. Alle Ventile im Westturm waren geschlossen. Bei einer Begehung wurde dieser Mangel auch von der Feuerwehr festgestellt. Der Steigleitung konnte ebenfalls kein Wasser entnommen werden. Der Feuerwehr war es auch nicht möglich, mit eigenen Mitteln Wasser in die Steigleitung einzuspeisen.

Mit einer funktionierenden Sprinkleranlage und der Möglichkeit, die Wandhydranten zu benutzen, hätte das Feuer auf das Entstehungsgeschoss eingegrenzt werden können. So aber wurde daraus ein spektakulärer Einsatz, bei dem trotz dem verzweifelten Versuch, das Feuer durch Hubschrauber mit Außenlastbehältern zu löschen, ein Totalverlust des Gebäudes zu beklagen war.

Folgen für das eigene Handeln:
- Löschmaßnahmen in einem Hochhaus können nur erfolgreich sein, wenn bauliche und anlagentechnische Maßnahmen die Maßnahmen der Feuerwehr unterstützen. Die Wasserversorgung kann ab einer gewissen Höhe nicht mehr mit Mitteln der Feuerwehr alleine sichergestellt werden, diese muss auf spezielle Einrichtungen wie Löschwasserleitungen (Steigleitungen) und Wandhydranten zurückgreifen können.
- Nachteile, wie lange Reaktionszeiten oder eingeschränkte Möglichkeiten eines umfassenden Löschangriffs, werden durch den Einsatz von Sprinkleranlagen kompensiert.

3.9 Löschwasserleitungen und Wandhydranten

Wandhydranten sind Löschwasserentnahmestellen im Inneren von Gebäuden, die mit betriebsbereit angekuppelten Druckschläuchen versehen sind. Es werden zwei Arten unterschieden: Typ »F« und Typ »S« (Bild 17).

Beim Typ »F« handelt es sich um einen Wandhydranten, der in der Regel für die Feuerwehr vorgesehen ist. Er verfügt über größere Leistungsreserven. Die Ausführung des Feuerlöschschlauchs kann entweder aus formstabilem Material oder aus einem vollsynthetischen C-42-Druckschlauch bestehen. Dieser Typ wird auch in der Musterhochhausrichtlinie gefordert. Vorgabe der Musterhochhausrichtlinie ist, dass eine gleichzeitige Wasserentnahme von 200 l/min (bei 4,5 bar) an drei Entnahmestellen möglich sein muss. Damit ist sichergestellt, dass eine Brandbekämpfung mit

3.9 Löschwasserleitungen und Wandhydranten

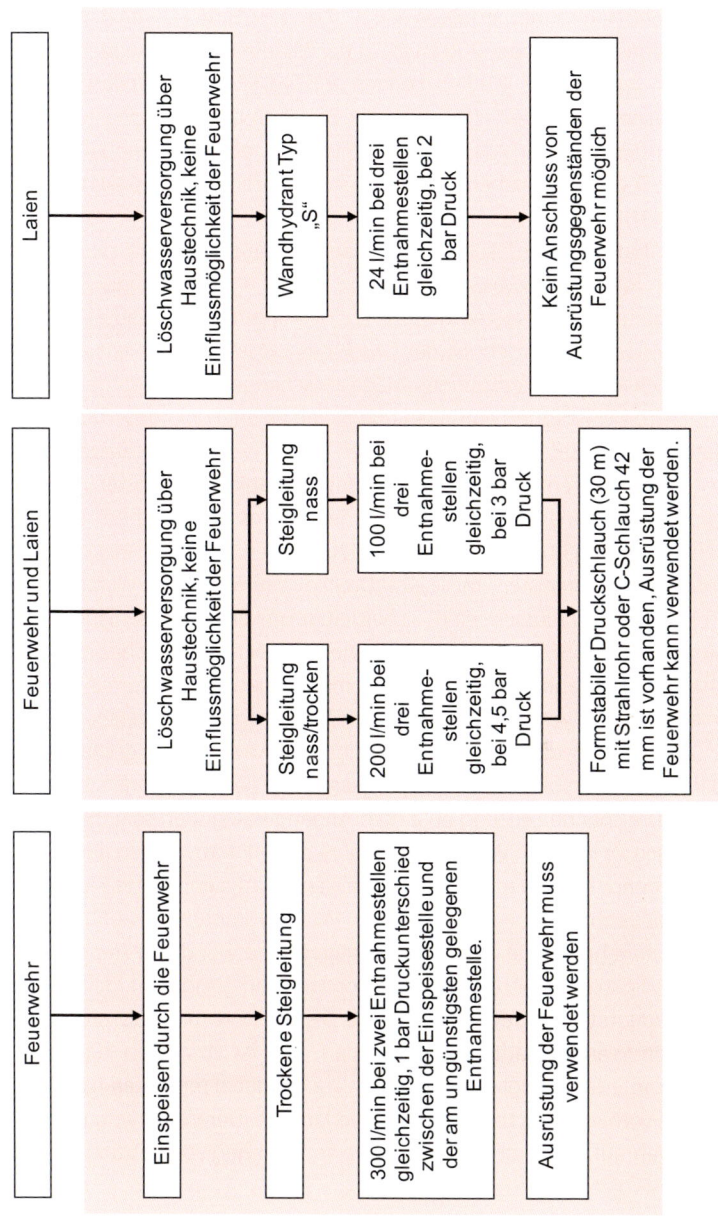

Bild 17: *Löschwasserleitungen und Wandhydranten (Grafik: Grünwald/von Kaufmann)*

drei Hohlstrahlrohren erfolgen kann. Die DIN 14461-1 stellt frei, ob Typ »F«-Hydranten mit 100 oder 200 Litern in der Minute entsprechenden Entnahmestellen möglich sein müssen. Zudem können am Typ »F« auch Schläuche der Feuerwehr angeschlossen werden[8]. Nachdem der Druck an der ungünstigsten Entnahmestelle drei bar betragen darf, muss überprüft werden, ob eine Brandbekämpfung mit den bei der Feuerwehr vorhandenen Hohlstrahlrohren noch möglich ist 8 DIN 14461-1:2016-10).

Der Typ »S« dient ausschließlich der Brandbekämpfung durch Laien. Er stellt lediglich eine Löschwassermenge von 24 l/min zur Verfügung. Bei einem voll entwickelten Brand sollten diese Wandhydranten deshalb aus Sicherheitsgründen nicht verwendet werden. Ist der Druck des Wassernetzes nicht ausreichend, muss zusätzlich eine Druckerhöhungsanlage zwischengeschaltet werden. Diese muss eine Ersatzstromversorgung enthalten und ist mit einem Funktionserhalt zu verlegen. Die Leitungen und Entnahmestellen müssen bereits während der Bauphase ab Erreichen der Hochhausgrenze von 22 Metern eingeschränkt funktionsfähig sein. Eine Löschwasseranlage »nass« ist ständig bis mindestens ein Geschoss unter das im Bau befindliche Geschoss betriebsbereit nachzuführen. Um einen ausreichenden Wasserdruck zu gewährleisten, muss eine Druckerhöhungsanlage vorhanden sein.

Hochhäuser müssen eine Sicherheitsstromversorgungsanlage haben, die bei Ausfall der Stromversorgung den Betrieb der sicherheitstechnischen Gebäudeausrüstung, unter anderem auch die Stromversorgung der automatischen Feuerlöschanlagen und Druckerhöhungsanlagen für die Löschwasserversorgung, übernimmt.

Von Wandhydranten aus kann die Feuerwehr ihren Löschangriff entwickeln (Bild 18). Dabei sollte kein Verteiler gesetzt werden. Wie bereits beschrieben, muss eine ausreichende Leistung an einem Abgang vorhanden sein, um drei Strahlrohre versorgen zu können. Weitere Strahlrohre sollten also von den anderen Geschossen aus vorgenommen werden, auch unter den Nachteilen, die (teil-)geöffnete Türen in den Treppenhäusern mit sich bringen. Wandhydranten müssen in den Vorräumen der Feuerwehraufzüge, in den Vorräumen der notwendigen Treppenräume und bei notwendigen Treppenräumen ohne Vorräume an geeigneter Stelle vorhanden sein. Dies bedeutet, dass rechnerisch keine Distanz von mehr als dreißig Metern zum nächsten Wandhydranten vorliegen darf. Das ist zumindest für die erste Einheit interessant, da sie folglich weniger Schlauchmaterial mitführen muss. Zudem lassen sich die vorhandenen Leitungen auch verlängern. Der Wandhydrant im Vorraum des Feuerwehraufzugs lässt auch zu, dass eine Trennung von Rettungswegen (Treppen-

---

8   Beim Typ »S« nicht möglich

3.9 Löschwasserleitungen und Wandhydranten

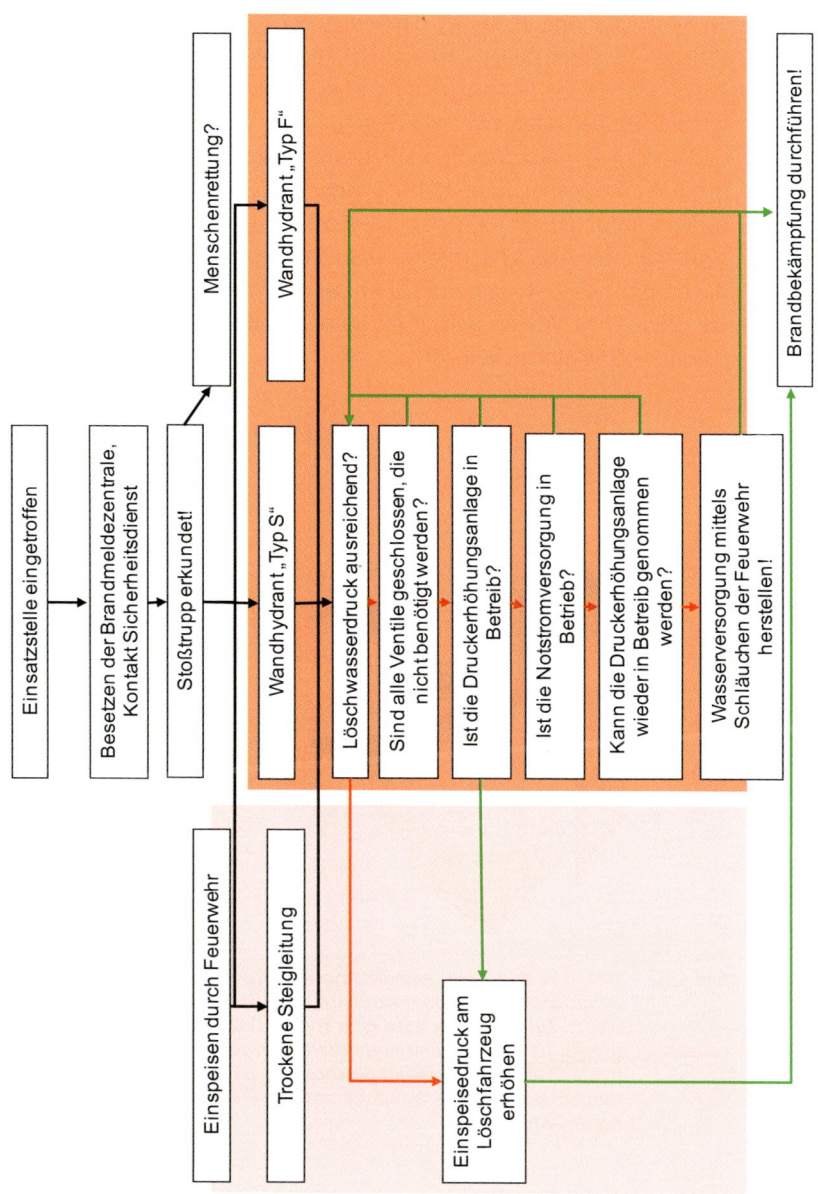

Bild 18: *Ablaufdiagramm zur Inbetriebnahme eines Wandhydranten (Grafik: Grünwald/ von Kaufmann)*

3 Baulicher und technischer Brandschutz

häusern) und Angriffswegen der Feuerwehr (Feuerwehraufzug) durchführbar ist. Viele Feuerwehren haben allerdings in ihren Standards festgelegt, nicht direkt in das Brandgeschoss zu fahren, sondern in eines der Geschosse unterhalb des Brandgeschosses (Berufsfeuerwehr München, 2007; Feuerwehr Düsseldorf, 2005).

Befindet sich der Wandhydrant im Treppenraum und muss die Schlauchleitung durch die Treppenraumtür in das Brandgeschoss verlegt werden, so ist der Wandhydrant im unterhalb liegenden Geschoss zu verwenden (Bild 19). Es gibt Wandhydranten, die über eine Löschwasseranlage »nass/trocken« versorgt werden. Bei dieser Art ist die Leitung nicht mit Wasser gefüllt. Erst beim Öffnen des Ventils wird die Leitung mit Wasser gefüllt. Bis ausreichend Wasser am Strahlrohr ist, dürfen maximal 60 Sekunden vergehen.

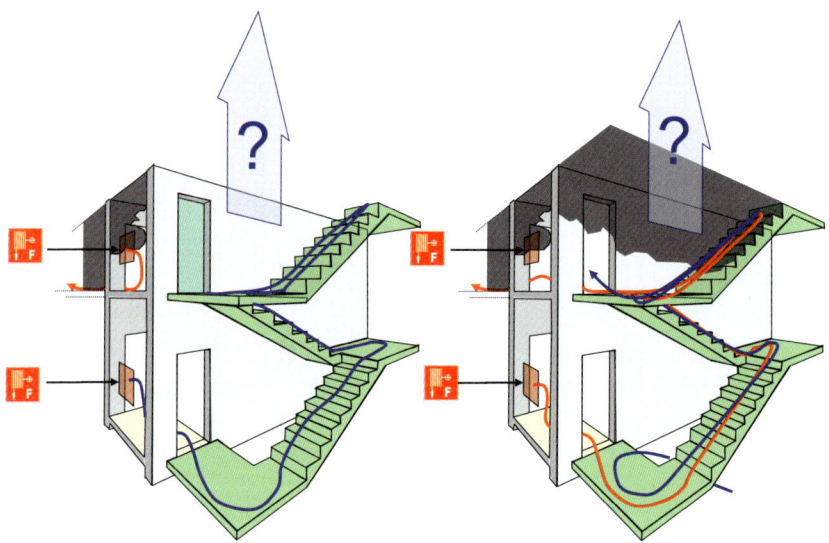

Bild 19: Das linke Bild zeigt, wie die Angriffsleitung (rot) in der Schleuse zur Nutzungseinheit vorgenommen wird und die Tür zum Treppenraum geschlossen bleibt. Zur Sicherung wird eine zweite Leitung (blau) vor die geschlossene Tür gelegt. Ist der Treppenraum bereits verraucht oder befindet sich der Wandhydrant auf dem Zwischengeschoss, so ist immer der unterhalb des Brandgeschosses liegende Wandhydrant zu verwenden. (Grafik: Grünwald/von Kaufmann)

Löschwasseranlagen »trocken« sind in Hochhäusern in der Regel nur zusätzlich zu Löschwasseranlagen mit Wandhydranten erlaubt. Unter Löschwasseranlagen »trocken« versteht man fest verlegte Löschwasserleitungen, die nicht an ein Wassernetz

3.9 Löschwasserleitungen und Wandhydranten

Bild 20: *Einspeisestelle für eine Steigleitung (Foto: Berufsfeuerwehr München)*

Bild 21: *Angeschlossener C-Schlauch für die Brandbekämpfung – man beachte die Schlauchpakete (Foto: Berufsfeuerwehr München)*

angeschlossen sind. Es muss also erst Wasser durch die Feuerwehr eingespeist werden, damit dieses am Strahlrohr zur Verfügung steht (Bilder 20 und 21). Die nach Norm angegebene Durchflussmenge muss bei mindestens 300 l/min an der ungünstig gelegensten Stelle liegen – bei gleichzeitiger Entnahme aus zwei Feuerlöschanschlusseinrichtungen. Die Druckdifferenz zwischen Einspeisestelle und der genannten Stelle darf maximal 1 bar betragen (DIN 14462:2012-09).

Eine Löschwasseranlage »trocken« bietet den Vorteil, dass sie durch die Feuerwehr gespeist wird und somit zumindest bis in eine gewisse Höhe unabhängig von einer Stromversorgung Wasser fördert. Außerdem ist ihre Leistung ausreichend, um auch den Einsatz eines Verteilers und somit mehrerer Strahlrohre zu ermöglichen. Auf diese Weise lässt sich für die nachfolgenden Stoßtrupps eine ausreichende Wasserversorgung einrichten und sicherstellen.

In Amerika regeln teilweise Vorschriften, dass Löschwasseranlagen in Hochhäusern durch zwei Löschfahrzeuge gespeist werden sollen. Somit ist eine Redundanz gegeben, sollte eines der beiden Fahrzeuge ausfallen (Mc Grail, 2007).

Bei Hochhäusern, bei denen die oberste Wasserentnahmestelle mehr als 30 Meter über der Fläche für die Feuerwehr liegt, ist in der Regel eine Druckerhöhungsanlage mit Anschluss an eine Netzersatzanlage erforderlich, die das Einspeisen der Feuerwehr unterstützt. Fällt die Druckerhöhungsanlage aus, können zwei Fahrzeugpumpen hintereinander »geschaltet« werden, um den Druck zu erhöhen.

Die Tabelle 1 fasst die wichtigsten Anforderungen an Wandhydranten und die Löschwasseranlage »trocken« nochmals zusammen.

Mit Ausnahme der Löschwasseranlage »trocken« hat die Feuerwehr keine Möglichkeit, Wasser in die vorhandenen Systeme direkt einzuspeisen. Das ist ein wesentlicher Unterschied zu den beschriebenen Beispielen aus den USA. Bei Ausfall der Stromversorgung werden die Pumpen für die Anlagen durch die Notstromversorgung betrieben. Fällt auch diese aus, können weder Wandhydranten noch Sprinkleranlage betrieben werden. Das gilt auch für die Löschwasseranlage »trocken«, wenn das Gebäude so hoch ist, dass auch sie über eine Druckerhöhungsanlage verfügt. Eine der ersten und wesentlichsten Handlungen kann es also sein, die Notstromversorgung wieder in Gang zu bringen. Sonst bleibt nur noch der Aufbau einer Wasserversorgung mittels Schlauchleitung in das Brandgeschoss.

Wandhydranten und Löschwasseranlagen werden regelmäßig geprüft. Trotzdem sind sie oft das Ziel von Vandalismus oder die Ventile verrotten mit der Zeit und werden schwergängig. Das ist der Grund, warum viele Feuerwehren ein Set für die Hochhausbrandbekämpfung entwickelt haben, in welchem sie Werkzeuge mitführen, um schwergängige oder »defekte« Wandhydranten bzw. Löschwasseranlagen wieder in Betrieb nehmen zu können (Bild 22). Fällt der Wandhydrant aus und steht keine Löschwasseranlage »trocken« zur Verfügung, muss im Treppenraum eine B-Leitung bis in das Depotgeschoss gelegt werden.

3.10 Sicherheitstechnische Einrichtungen und Ansprechpartner

Tabelle 1: *Anforderungen an Wandhydranten und die Löschwasseranlage »trocken«*

	Durchflussmenge	Gleichzeitigkeit	Mindestdruck	Höchstdruck
Wandhydrant Typ »S«	24 l/min	2	2 bar	8 bar
Wandhydrant Typ »F«	100 l/min	3	3 bar	
	200 l/min	3	4,5 bar	
Löschwasseranlage »trocken«	300 l/min	2	4,5 bar oder 1 bar Unterschied zum Einspeisedruck	

Bild 22: *Beispiel für ein Hochhausbrandbekämpfungsset (Foto: Berufsfeuerwehr München)*

3.10 Sicherheitstechnische Einrichtungen und Ansprechpartner

Im Einvernehmen mit der Feuerwehr muss der Betreiber des Gebäudes eine Brandschutzordnung aufstellen und durch Aushang bekannt machen. In der Brandschutzordnung wird festgelegt, welches die Aufgaben des Brandschutzbeauftragten, die Maßnahmen im Fall eines Brandes, die Regelungen über das Verhalten bei einem Brand und die Maßnahmen, die zur Rettung Behinderter erforderlich werden, sind

(Fachkommission Bauaufsicht (MHHR), 2005). Zudem muss der Betreiber Feuerwehrpläne anfertigen und sie der örtlichen Feuerwehr zur Verfügung stellen.

Erste Anlaufstelle ist die Brandmeldezentrale (BMZ). In der Brandmeldezentrale befinden sich Anzeige- und Bedienelemente, die der Feuerwehr Auskunft über den ausgelösten Melder geben und die Bedienung der Brandmeldeanlage ermöglichen. Eingriffe in die Anlage erfolgen durch die Feuerwehr grundsätzlich nur über das Feuerwehr-Bedienfeld und das Feuerwehr-Anzeigetableau (FAT). An der Brandmeldezentrale selbst kann gegebenenfalls der akustische Alarm abgeschaltet oder es können noch weitere anstehende Meldungen aufgerufen werden. Weitergehende Eingriffe in die Brandmeldezentrale, wie z. B. das Abschalten von Meldern oder Meldergruppen, sind dem zuständigen Personal des Betreibers vorbehalten. An der Brandmeldezentrale wird auch angezeigt, wenn die Gebäudefunkanlage in Betrieb ist. Gegebenenfalls muss diese noch in Betrieb genommen werden. In Hochhäusern werden auch Gefahrenmeldeanlagen vorgehalten, über die im Gefahrenfall Personen im Gebäude alarmiert bzw. informiert werden können. Über Textspeicher können vorgefertigte Durchsagen aktiviert oder direkte Meldungen im Einzel- oder Gruppenruf abgesetzt werden.

Hochhäuser sind durch bauliche und technische Komplexität, unterschiedliche Nutzungsarten und eine große Zahl an Personen gekennzeichnet. Dies verlangt vom Betreiber besondere Verantwortung. Ob und wie ein Gebäude im Ereignisfall[9] geräumt wird, ist in der Räumungsordnung geregelt. Zumindest bei großen Hochhäusern existiert ein Krisenstab, der im Gefahrenfall zusammenkommt. Meist ist als erster Ansprechpartner der Brandschutzbeauftragte (oft eine Fachkraft für Arbeitssicherheit, Sicherheitsingenieur oder Leiter des Sicherheitsdienstes) vor Ort. Der Krisenstab wird durch weiteres Personal unterstützt, welches Stockwerksbeauftragte, Gebäudebeauftragte, Räumungsbeobachter, Ersthelfer oder Personal der Sicherheitsdienste sein können. Für die Feuerwehr stellen Sicherheitsdienst und Brandschutzbeauftragte wichtige Ansprechpartner dar. Über sie können entsprechende Informationen abgerufen werden, mit ihnen werden auch alle weiteren Maßnahmen abgestimmt (Friedl & Scelsi, 2004). Bei Wohnhochhäusern kann die Aufgabe des Brandschutzbeauftragten auch durch den Hausmeister wahrgenommen werden. Teilweise gibt es auch verschiedene Sicherheitsdienste mit verschiedenen Aufgabengebieten, beispielsweise der des Betreibers des Gebäudes und der des Nutzers.

---

9   Gebäuderäumungen werden nicht nur im Brandfall durchgeführt, sondern auch bei Amoklagen oder Bombendrohungen etc.

3.11 Sicherheitsstromversorgung

Neben der Brandmeldezentrale sollte der Empfangsbereich in der Lobby erste Anlaufstelle für die Feuerwehr sein. Hier findet man in der Regel Personal, welches die Handhabung der Gebäudetechnik beherrscht und sich im Gebäude auskennt. Von hier aus können hausinterne Durchsagen gemacht werden, eventuell besteht sogar die Möglichkeit, mit einer Überwachungskamera in das Brandgeschoss sehen zu können.

3.11 Sicherheitsstromversorgung

Bei Hochhäusern wird oft die Forderung nach einer Sicherheitsstromversorgung erhoben. Dabei steht erst einmal nicht der Brandschutz im Vordergrund, sondern der Betrieb des Gebäudes. Bei einem Stromausfall und einem gleichzeitigen Brandereignis stellt die Ersatzstromversorgung sicher, dass die wichtigen Einrichtungen wie beispielsweise Löschwasserversorgung, Sprinkleranlagen, Flucht- und Rettungswegkennzeichnung, Treppenraumbelüftung, Aufzugsanlagen sowie Feuermeldeanlagen noch funktionieren.

Die Leitungsanlage der Sicherheitsstromversorgung muss gegen Brandeinwirkung geschützt werden. Das bedeutet, dass die Bauteile so ausgeführt oder ummantelt werden, dass sie gegen äußere Brandeinwirkung geschützt sind. Die Dauer des Funktionserhaltes muss mindestens 30 Minuten bei Brandmeldeanlagen, Anlagen zur Alarmierung und Erteilung von Anweisungen an die Belegschaft und Hausbewohner, Sicherheitsbeleuchtung und sonstige Ersatzstrombeleuchtung sowie Personenaufzügen mit Evakuierungsschaltung betragen. Neunzig Minuten werden bei Druckerhöhungsanlagen zur Löschwasserversorgung, Lüftungsanlagen von Sicherheitstreppenräumen, innenliegenden Treppenräumen, Fahrschächten und Triebwerksräumen von Feuerwehraufzügen sowie Rauch- und Wärmeabzugsanlagen gefordert (DIN VDE 0108). Kommt es zum Ausfall der Notstromversorgung, kann die Feuerwehr auf keine technischen Einrichtungen des Gebäudes mehr zurückgreifen. Unter Umständen muss sie über völlig dunkle Treppenhäuser und Geschosse vordringen und ihre Leitungen von Hand in das Brandgeschoss verlegen. Für den Nachschub fällt der Feuerwehraufzug aus. Ein Einspeisen in die Stromversorgung durch Aggregate der Feuerwehr wird kaum möglich sein. Zum einen wird das an der Leistungsfähigkeit der zur Verfügung stehenden Stromerzeuger liegen, da nur wenige Feuerwehren extrem leistungsfähige Stromerzeuger vorhalten. Zum anderen sind Einspeisestellen für eine Elektroversorgung durch die Feuerwehr nicht vorgesehen und müssen somit erst geschaffen werden. Einzige – und wahrscheinlich einfachste – Möglichkeit ist das Instandsetzen der Notstromversorgung.

4 Gefahren bei der Hochhausbrandbekämpfung

Wie unterscheidet sich ein Hochhausbrand von einem Brand in einem normalen Gebäude und warum stellt sich ein Hochhausbrand so viel gefährlicher und schwieriger dar, als ein Feuer in einem normalen Wohngebäude (U. S. Fire Administration, 2008)?

Grundlegend kann zwischen zwei Hochhaustypen unterschieden werden: kommerziell genutzten (Büro-)Hochhäusern sowie Wohnhochhäusern. Brände in Wohnhochhäusern kommen dabei weit öfters vor, als Feuer in Hochhäusern mit einer anderen Nutzung. Dabei scheinen Brände in Wohnhochhäusern kleiner zu sein, als in kommerziellen Hochhäusern, sie fordern jedoch mehr Verletzte und Tote[10]. Das kann nur an dem Umstand liegen, dass sich ständig mehr Personen in Wohnhochhäusern aufhalten und die in den Wohnungen befindlichen Brandlasten höher sind (Messerer & Klingsohr, 2005). Zudem begünstigt die Bauweise der Wohnhochhäuser oft eine unkontrollierte Brandausbreitung in andere Bereiche des Gebäudes, die zum Teil auch weiter weg vom Brandausbruchsort liegen. Eine andere Erklärung liegt in den technisch-baulichen Maßnahmen begründet. Wohnhochhäuser verfügen nicht über die umfangreiche sicherheitstechnische Ausstattung wie sie Bürohochhäuser in der Regel haben (U. S. Fire Administration, 2008).

4.1 Die Höhe – Einsatz von Leitern

4.1.1 Einsatz einer Drehleiter als zweiter Rettungsweg

Ein Hochhaus ist ein Gebäude, bei dem der Fußboden des obersten, als Aufenthaltsraum nutzbaren Raumes mehr als 22 Meter über der natürlichen oder festgelegten Geländeoberkante liegt. Hochhäuser sind baurechtlich gesehen Sonderbauten (Bauministerkonferenz, 2002). Der Einsatz einer Drehleiter wird in vielen Standard-Einsatz-Regeln (SER) nicht berücksichtigt, da nicht immer gewährleistet ist, dass der zweite Rettungsweg über Leitern der Feuerwehr sichergestellt werden kann.

---

10 Die amerikanische Statistik sagt aus, dass zwischen 1996 und 1998 auf 1000 Feuer hochgerechnet im Durchschnitt bei Wohnhochhäusern 73,2 Personen verletzt wurden (Median: 3,9 Tote), bei anderen Hochhäusern 48,4 Personen (Median: 1,6 Tote).

4.1 Die Höhe – Einsatz von Leitern

Auch das deutsche Baurecht berücksichtigt nicht den Einsatz der Drehleiter. In der Erläuterung zur Musterhochhausrichtlinie heißt es hierzu (Fachkommission Bauaufsicht (MHHR), 2005):

»*Auf die Herstellung von Aufstellflächen für Leitern der Feuerwehr wurde bewusst verzichtet, weil die Sicherstellung der Rettungswege ausschließlich baulich erfolgt. Auch die Brandbekämpfung von außen über Leitern der Feuerwehr ist keine zweckmäßige einsatztaktische Maßnahme. Das Brandschutzkonzept bei Hochhäusern geht vom Innenangriff der Feuerwehr aus, nicht vom Außenangriff.*«

Merke:
Hochhäuser müssen folglich über mindestens einen Sicherheitstreppenraum oder über zwei voneinander unabhängige Treppenräume verfügen. Aufstellflächen für Drehleitern müssen jedoch nicht vorgeplant werden. Somit ist der Einsatz einer Drehleiter stets dem glücklichen Zufall überlassen.

Neben dem Fehlen an Aufstellflächen ergibt sich auch noch die Schwierigkeit, dass moderne Hochhäuser über Fassaden verfügen, die nicht ohne Weiteres einzuschlagen sind. Die Fenster in Hochhäusern sind ebenfalls nicht zwingend zu öffnen. Zum Teil besitzen Hochhäuser auch zwei voreinander gebaute Fassaden. Da die Fassaden großen Windlasten standhalten müssen, sind sie entsprechend stabil ausgeführt. Ein Einschlagen von außen – auch wenn ein Erreichen des Geschosses mit der Drehleiter möglich ist – kann sich somit als äußerst schwierig erweisen.

Somit wird der Feuerwehr eine wichtige Möglichkeit genommen: Der Einsatz von Leitern zur Personenrettung ist in der Regel nicht möglich. Absuch- und Rettungsmaßnahmen können nur über den Treppenraum durchgeführt werden. Menschen, die sich an Fenstern bemerkbar machen und denen der Fluchtweg zum Treppenraum durch Flammen und Rauch versperrt ist, springen oft in die Tiefe und kommen ums Leben. Beispielhaft sei hier der Brand des World Trade Centers nach den Anschlägen vom 11. September 2001 genannt.

4.1.2 Außenangriff

Bedingt durch die Höhe und die baulichen Gegebenheiten, kann in vielen Fällen kein Außenangriff vorgenommen werden (Bild 23). Die aufgeführten Einsatzbeispiele zeigen deutlich, dass in der ersten Phase des Einsatzes alle Bemühungen auf den Innenangriff gerichtet wurden. Erst mit einer Eskalation der Lage und dem Herab-

4 Gefahren bei der Hochhausbrandbekämpfung

Bild 23: *Brand in einem Hochhaus in München. Eine Möglichkeit zum Anleitern ist hier nicht gegeben. (Foto: Berufsfeuerwehr München)*

brennen des Feuers auf Stockwerke, die durch Wenderohre erreicht werden konnten, kam es zum Einsatz von Hubrettungsfahrzeugen. Um Werfer im Außenangriff einsetzen zu können, müssen Zugangsöffnungen geschaffen werden. Dies geschieht durch Einschlagen der Fenster. Sind Zugangsöffnungen geschaffen, kann aber auch der so genannte »Kamineffekt« verstärkt werden (Siehe auch Kapitel 4.6). Löschmaßnahmen von außen sind somit immer auf die Vorgehensweise im Gebäude und die dort entwickelten Maßnahmen abzustimmen.

4.2 Nutzung des Gebäudes und Verhalten von Personen

Hochhäuser werden in der Regel nicht nur für eine Nutzung gebaut. Selbst in Wohnhochhäusern gibt es Tiefgaragen oder Ladenpassagen. In großen Bürobauten finden sich zumindest Tiefgaragen, Kantinen für die Mitarbeiter (Versammlungsstätten), aber auch Restaurants, Hotels, Bars, Kinos, Fitnessstudios etc. Theoretisch ist

4.2 Nutzung des Gebäudes und Verhalten von Personen

jede mögliche Nutzung denkbar. Zudem können Hochhäuser auch an Verkehrsknotenpunkte angeschlossen sein. Direkte Verbindungen zu Sperrengeschossen, beispielsweise U-Bahnhöfen (wie z. B. im World Trade Center), sind somit denkbar (Kaltenbrunner, 2007). Im *John Hancock Center* in Chicago arbeiten etwa 4 000 Menschen. 1 700 Menschen wohnen dort, gehen im 44. Obergeschoss schwimmen oder im 45. Obergeschoss einkaufen. Tausende Besucher frequentieren die Aussichtsterrasse und die Restaurants im 96. Obergeschoss. Die Mischnutzung hat Zukunft (Ingenhoven, 2007).

Folglich halten sich oft viele Menschen in Hochhäusern auf, die nicht zwingend ortskundig sind. Verstärkt wird dieser Effekt noch dadurch, dass für das Erreichen der verschiedenen Ebenen in der Regel der Aufzug benutzt wird. Somit sind die Treppenräume, auf welche die Menschen im Falle eines Brandes angewiesen wären, meistens nicht bekannt.

Auch weisen Hochhäuser ganz unterschiedliche, aber oft hohe Brandrisiken auf. Ein Brandrisiko setzt sich aus der Wahrscheinlichkeit einer Brandentstehung und der Menge der brennbaren Stoffe (Brandlast) zusammen sowie aus der im Brandfall betroffenen Personenzahl in Zusammenhang mit der Geometrie des Gebäudes (Messerer & Klingsohr, 2005).

Bei über 400 Meter hohen Türmen, in denen sich mehr als 50 000 Menschen aufhalten können, lässt sich eine Massenflucht durch die Treppenräume nur noch schwer handhaben. Auf der Flucht drängen in jedem Geschoss Fliehende in den Treppenraum. Lebensgefährliche Situationen entstehen. Große Hochhäuser sind in einem angemessenen Zeitfenster nicht mehr evakuierbar, sie erfordern unter Umständen sicherheitstechnisch autarke Evakuierungszonen und Tragwerksstrukturen, die nicht ausfallen können.

Teilweise sind auch nicht alle Menschen in einem Hochhaus in der Lage, zu Fuß über viele Stockwerke das Gebäude zu verlassen. Man besteht also nicht mehr zwingend auf den Grundsatz, im Brandfall den Aufzug nicht mehr zu benutzen. Vielmehr wird nun eine Mischung aus Aufzugs- und Treppennutzung angeboten. Dabei werden beispielsweise 20 Geschosse über Treppen zusammengefasst, die dann durch Evakuierungsaufzüge bedient werden. Dies erfordert allerdings entsprechend sichere und kapazitätsstarke Aufzüge sowie sichere Bereiche als »Pufferraum« für die flüchtenden Personen. Zudem bleibt auch hier die Alternative der notwendigen Treppe bestehen. Die Menschenströme müssen allerdings durch einen Sicherheitsdienst gelenkt werden (Kerr, 2009).

Es muss folglich in der Verantwortung des Betreibers liegen, Maßnahmen für eine Evakuierung zu planen, umzusetzen und zu üben. Wer ein Gebäude betreibt, muss dafür Sorge tragen, dass im Fall einer Bedrohung durch Brand, Einsturz, Bomben-

4 Gefahren bei der Hochhausbrandbekämpfung

drohung oder Wassereinbruch die Menschen dieses schnell und sicher über die vorgesehenen Rettungswege verlassen können (Friedl & Scelsi, 2004)[11]. Hochhäuser mit einer Belegschaft von 4 000 Personen und mehr können dabei eher nicht vollständig geräumt werden. Ziel ist es, einzelne Sektoren des Hochhauses zu räumen. Die restlichen Personen werden – wenn die Lage es erlaubt – im Gebäude belassen. Auch das kann bei einem Hochhaus bis zum Eintreffen der Feuerwehr aufgrund der Personenanzahl nicht immer realisiert werden. In erster Linie wird mit einer Teilräumung begonnen werden müssen. Hier empfiehlt es sich, nach folgender Reihenfolge vorzugehen:

1. das Ereignisgeschoss,
2. das Geschoss über dem Ereignisgeschoss,
3. das Geschoss unter dem Ereignisgeschoss,
4. alle weiteren kritischen Sektoren,
5. alle Bereiche, die von der Feuerwehr unter Umständen für andere Zwecke genutzt werden müssen (Depotgeschoss, Behandlungsplatz, Einsatzleitung etc.).

Von diesem Schema kann lageabhängig abgewichen werden, insbesondere wenn es konkrete Hinweise auf verletzte oder behinderte Personen gibt (Berufsfeuerwehr Frankfurt, 2005). Wird eine Gesamträumung des Gebäudes von der Feuerwehr initiiert oder hat diese schon vor Eintreffen der Feuerwehr begonnen, erfolgt die Kontrolle der Stockwerke grundsätzlich nach dem gleichen Schema. Unterstützt werden die Räumungsaktionen durch Stockwerksbeauftragte (Evakuierungshelfer), Gebäudebeauftragte, Räumungsbeobachter, Ersthelfer, Sicherheitsdienste etc. Erfolgen Rückmeldungen aus den einzelnen Geschossen durch die Stockwerksbeauftragten, müssen als erstes die Geschosse über dem Ereignisgeschoss kontrolliert werden, aus denen keine Rückmeldung erfolgte. Anschließend wird die Kontrolle – wie oben beschrieben – konsequent weiter durchgeführt.

Menschen verhalten sich in einem Brandfall oft nicht rational. Reaktionen von Personen können ganz anders ausfallen als angenommen. Ein Beispiel stellt ein Brand in einem Apartmenthaus in Hiroshima dar, der im 8. Obergeschoss ausgebrochen war und sich bis zum 11. Obergeschoss ausgebreitet hatte. Insgesamt wurden hierbei 66 Apartments zerstört. Bei dem Feuer wurden ein Bewohner und ein Feuerwehr-

---

11 In China brannte am 25. Dezember 2000 ein Hochhaus, das auch als Geschäftshaus betrieben wurde. Der Brand tötete vor allem in der dort auch betriebenen Diskothek insgesamt 309 Menschen. Als Brandursache und primärer Brandausbreitungsgrund wurden Verstöße der Gebäudeerrichter und Gebäudebetreiber gegen sicherheitstechnische Auflagen aufgezeigt.

4.2 Nutzung des Gebäudes und Verhalten von Personen

angehöriger leicht verletzt. In dem Gebäude hatte es bereits vor dem Einsatz mehrmals gebrannt. Es wurde erst sehr spät mit der Evakuierung begonnen, der Feueralarm und der Brandrauch wurden von den meisten Bewohnern zunächst ignoriert. Der Fall hat auch gezeigt, dass der Gebrauch der Aufzüge stark von dem Stockwerk abhängig war, in welchem sich der jeweilige Bewohner befunden hat. Die Nutzung der Treppe wurde zu Gunsten des Aufzuges ab dem 10. Obergeschoss stark zurückgestellt, ab dem 18. Obergeschoss wurde nur noch der Aufzug verwendet. Der Gebrauch des gewohnten Weges war hier wohl ausschlaggebend (Stein, 1999).

Strömen Menschen panisch in den Treppenraum, ist die Lage schwer in den Griff zu bekommen. Für die Feuerwehr stellt dies – zumindest im ersten Zugriff – eine kaum lösbare Aufgabe dar, zumal, wenn die Personen panisch reagieren. Deswegen gilt es primär, in Absprache mit dem Gebäudebetreiber eine Panik zu vermeiden (Klammer, 2000).

Panik wird definiert als ein besonders in großen Menschengruppen bei Gefahr auftretendes »Erschrecken«, oft verbunden mit ungerichteten Fluchtreaktionen. Panik kann entstehen, wenn Personen sich aufgrund eines nicht vorhersehbaren Ereignisses in Lebensgefahr befinden und nicht mehr zu rationalem Handeln in der Lage sind. Dies ist völlig unabhängig von der Intelligenz oder Ausbildung der Personen. Aufgrund der Extremsituation, in welcher sich die Personen befinden, kann es zu widersinnigen Handlungen wie blindem Aktionismus und Überreaktion, Aggressionen, Hysterie und der Unfähigkeit, irgendetwas zu lassen oder zu tun, kommen. Das kognitive, logisch-analytische Denken wird bis hin zur reinen Stammhirnfunktion reduziert. Dies hat auch Auswirkungen auf die Fluchtgeschwindigkeit von Personen. Im Normalfall bewegt sich ein Mensch mit einer Geschwindigkeit von 0,8 bis 2,0 m/s fort, im Fall einer panikartigen Flucht erfahrungsgemäß mit 0,4 bis 4,0 m/s. Daraus lässt sich schließen, dass bei Menschen im Falle von Panik das Spektrum von Orientierungslosigkeit bis hin zu panischer Flucht reicht (Friedl & Scelsi, 2004).

Die effizienteste Maßnahme zur Vorbeugung einer Panik sind nachhaltige und immer wiederkehrende Informationen. Diese können durch das Sicherheitspersonal weitergegeben werden. In einigen Hochhäusern werden zudem Gefahrenmeldeanlagen vorgehalten, über die im Gefahrenfall Personen im Gebäude alarmiert bzw. informiert werden können. Über Textspeicher können vorgefertigte Durchsagen aktiviert oder direkte Meldungen im Einzel- oder Gruppenruf abgesetzt werden. Nach neueren Erkenntnissen ist es nicht empfehlenswert, betroffene Personen mit allgemein gehaltenen Informationen zu verunsichern. Einer eindeutigen Beschreibung der Situation folgt in der Regel auch ein eindeutiges Verhalten der Personen im Gebäude. In Zeiten allgemeiner Verunsicherung durch Terrorwarnungen ist es nicht sinnvoll, einen Mülleimerbrand mit einer »Technischen Störung« zu beschreiben. In zweifelhaften oder mehrdeutigen Situationen sucht der Mensch nach eindeutigen Informationen, um eine Bestätigung für ein Handlungsmuster zu bekommen. Gruppeneffekte können dabei dazu führen, dass das Beschaffen individueller Informationen nicht mehr vonstattengeht, deswegen sind Gruppen stark abhängig von der Dynamik einzelner Personen, die dann die Initiative ergreifen. Die Phase der Informationsbeschaffung endet mit der Handlungsinitiative eines Einzelnen in der Gruppe. Da es sich bei einem Feuer um eine absolute Ausnahmesituation handelt, muss dabei auch die tägliche Ordnung durchbrochen werden. Deswegen sind eindeutige und restriktive Handlungsanweisungen notwendig, die keinen Spielraum mehr zulassen. Hier bestimmt nicht mehr der Chef, sondern der Stockwerksbeauftragte, der im Büroalltag Untergebener ist. Im Anschluss daran folgt situationsangepasstes Handeln.

Der Grund für eine abschnittsweise Evakuierung sind in erster Linie die Treppenräume, die ab einer gewissen Personenanzahl (auch bei baurechtlich richtiger und damit entsprechend breiter Ausführung) zu »verstopfen« drohen. Ursache hierfür ist oft auch menschliches Verhalten. Die Problematik hat sich im Rahmen von Untersuchungen der Verhaltensmuster der Menschen im World Trade Center bei den Anschlägen vom 11. September 2001 teilweise völlig neu dargestellt. Je mehr Personen in einem Bürohochhaus arbeiten und je mehr Personen im Brandfall den Treppenraum benutzen, umso langsamer läuft der Personenstrom nach unten. Personen, die sich bereits im Treppenraum befinden, beanspruchen Vorrang für sich. Entsprechend schwer ist es für Personen, die aus den Stockwerken in den Treppenraum wollen, sich in diesen Strom zu integrieren. Die wesentlichen Faktoren für die Laufgeschwindigkeit sind:
- Breite des Treppenraums,
- Zahl der sich im Treppenraum befindenden Personen,
- Zahl der Personen, die versuchen, aus den Stockwerken zusätzlich in den Treppenraum zu gelangen,
- Gespräche zwischen den Personen,
- Benutzung von Mobiltelefonen,
- Übergewichtige und besonders große oder kleine Personen,
- ungeeignetes Schuhwerk sowie
- Feuerwehrleute, die versuchen, in die entgegengesetzte Richtung aufzusteigen.

Die Probleme nehmen in den tiefer gelegenen Stockwerken zu. Zudem kennen viele Beschäftigte den Treppenraum des Hochhauses gar nicht, da sie sonst ausschließlich den Aufzug benutzen. Nach den Terroranschlägen auf das World Trade Center gaben beispielsweise 50 Prozent der Überlebenden, die sich über den Treppenraum retten konnten, an, diesen das erste Mal benutzt zu haben.

Das World Trade Center hat zudem gezeigt, dass nicht jede Person die Notwendigkeit erkennt, bei einer akuten und erkannten Gefahr den Arbeitsplatz zu verlassen. So haben Mitarbeiter einiger Büros noch Daten gesichert oder Geschäfte abgeschlossen, um finanzielle Schäden für die Firma und damit das Risiko des eigenen Arbeitsplatzverlustes zu vermeiden (Cox, 2008).

Merke:
Die Feuerwehr kann eine Evakuierung nur unterstützen. Für das Erstellen von Evakuierungskonzepten und die Durchführung einer Evakuierung im Brandfall ist der Betreiber des Gebäudes verantwortlich. Er führt alle Evakuierungsmaßnahmen in Absprache mit der Feuerwehr durch.

4.3 Großflächige, offene Etagen

Im Lauf der Zeit ändern sich die Ansprüche an die Nutzung eines Bürohochhauses. Mit einem Mieterwechsel werden oft neue Grundrisse gewünscht. Für den Betreiber sind daher die Grundrissökonomie (Flexibilität, die einzelnen Geschosse in sich zu gestalten) sowie die Verknüpfung zur Architektur (repräsentative Räumlichkeiten) von besonderer Bedeutung. Trotz der Grundlage der feuerbeständigen Tragkonstruktion mit geschossweiser Abschottung und dem Einsatz von Gebäudesicherheitstechnik verbleiben relativ große Nutzungseinheiten (Fachkommission Bauaufsicht (MHHR), 2005). Zum einen ergibt dies eine relativ große Angriffstiefe für die Feuerwehr, zum anderen kann es zu einer ungehinderten Brandausbreitung im Geschoss und zu einer relativ schnellen Brandentwicklung kommen, wenn sicherheitstechnische Anlagen (z. B. Sprinkleranlagen) ausfallen.

Das deutsche Baurecht erlaubt Nutzungseinheiten mit einer Fläche von bis zu 400 m² bei Büro- oder büroähnlicher Nutzung (Bauministerkonferenz, 2002). Die einzelnen 400 m²-Nutzungseinheiten sind – je nach Gebäudehöhe – in derselben Qualität wie die einzelnen Geschosse abzutrennen (raumabschließende Bauteile gemäß Musterhochhausrichtlinie). Die Trennung der Nutzungseinheiten erfolgt vom Rohboden bis zur Rohdecke. Um die Flexibilität der einzelnen Nutzungseinheiten zu erhöhen, können Zwischendecken oder Zwischenböden eingezogen werden. Diese sind ein System aus dünnen Metallrahmen und Drähten, welches abnehmbare Paneele hält. So wird beispielsweise das Unterbringen von haustechnischen Anlagen

4 Gefahren bei der Hochhausbrandbekämpfung

oder der Stromversorgung ermöglicht. Die Feuerwiderstandsfähigkeit von Zwischendecken oder -böden ist in der Regel geringer als bei den eigentlichen Geschossdecken. Wenn die Trägerkonstruktion durch das Feuer erhitzt wird, kann die abgehängte Decke herabstürzen. In dem Metallrahmensystem und den Aufhängedrähten oder in herabfallenden Kabeln können sich Feuerwehrleute verfangen und eventuell nicht mehr selbst befreien. Deckenzwischenräume müssen also unbedingt erkundet werden.

Zudem können bei einem Brand große, schwere Neonleuchten abstürzen, welche die Büros beleuchten. Diese Leuchten sind an Draht oder Ketten aufgehängt und mit einem Anker an der Betondecke befestigt. Durch die Wärme des Feuers können die Befestigungen schmelzen und die Leuchten abstürzen.

Merke:
Beim Betreten einer Nutzungseinheit, in welcher es brennt oder ein Brand vermutet wird, ist eine Kontrolle der Zwischendecke – entweder durch das Anheben eines Deckenpaneels oder mithilfe einer Wärmebildkamera – erforderlich.

Das Einsatzbeispiel des *Windsor Tower* in Madrid zeigt, wie gefährlich der Einsturz von Zwischendecken sein kann und welche Schwierigkeiten bei der Brandbekämpfung in großen Geschossen entstehen können.

4.4 Gebäudetechnische Anlagen

Alle in diesem Buch aufgeführten Einsatzbeispiele zeigen eines deutlich: Die Achillesferse eines jeden Hochhauses ist die technische Versorgung. Die Praxis hat gezeigt, dass es immer wieder zu Rauch- oder Brandausbreitungen über die haustechnischen Anlagen gekommen ist (Bild 24). Deswegen fordert die Musterhochhausrichtlinie strikt, dass Installationsschächte für Elektroleitungen geschossweise feuerhemmend abgeschlossen oder auf andere Weise gegen Brandausbreitung gesichert werden müssen. Das beinhaltet auch, dass die verschiedenen Systeme sich nicht gegenseitig beeinträchtigen dürfen. Lüftungsanlagen dürfen den ordnungsgemäßen Betrieb von Druckbelüftungsanlagen in keinem Fall beeinträchtigen. Sie müssen so angeordnet oder ausgebildet sein, dass auch kalter Rauch nicht in notwendige Treppenräume, andere Geschosse und Brandabschnitte übertragen wird. Somit ist zumindest von Seiten des Gesetzgebers ausgeschlossen, dass kalter Rauch (beispielsweise bei einem Kabelbrand oder bei Einsatz einer Sprinkleranlage) in andere Gebäudeteile dringt.

4.4 Gebäudetechnische Anlagen

Bild 24: *Rauch kann sich unkontrolliert ausbreiten. Somit stellt oft nicht nur die Brandwohnung ein Gefahrenschwerpunkt dar, sondern auch vom Brand nicht betroffene Wohnungen, die über gemeinsame Schächte verrauchen können. (Foto: Jan-Hendrik Neumann, Feuerwehr Ratingen)*

Wenn die Gebäudetechnik aus irgendeinem Grund nicht funktioniert, hat die Feuerwehr nur begrenzte Möglichkeiten, wirkungsvoll einzugreifen. Die Musterhochhausrichtlinie beschränkt sich auf die allgemeine Anforderung einer Entrauchung und schreibt keine Rauchabzugsanlagen vor. Aus einer großen Anzahl an Geschossen kann also nicht gefolgert werden, dass für alle Geschosse Rauchabzugsanlagen erforderlich sind.

Merke:
Eine Rauchableitung aus verrauchten Geschossen ist stets erforderlich, um den Einsatz der Feuerwehr zu ermöglichen.

4 Gefahren bei der Hochhausbrandbekämpfung

4.5 Herabfallendes Glas und Winddruck

Die Fassadenverglasung, wie sie bei Hochhäusern verwendet wird, ist nicht mit üblichem Fensterglas normaler Wohnhäuser vergleichbar. Sie ist dicker und schwerer, um den Windlasten, die auf ein Hochhaus einwirken, widerstehen zu können (Bild 25).

Bild 25: *Mit zunehmender Gebäudehöhe ist das Hochhaus auch einem stärkeren Winddruck ausgesetzt. (Grafik: Grünwald/von Kaufmann)*

Gläser moderner Hochhausfassaden bestehen oft aus Verbundglasscheiben, die aus mehreren Glasschichten mit verschiedenen Folienlayern aufgebaut sind. Sie müssen nicht nur den Windlasten standhalten, sondern erfüllen auch klimatische Anforderungen. Diese Scheiben sind äußerst stabil und nur schwer – wenn überhaupt – mit den standardmäßig bei der Feuerwehr eingesetzten Werkzeugen (z. B. Feuerwehraxt) zu zerstören. Zudem zeigt das Beispiel des Hochhausbrandes in Los Angeles, dass diese Scheiben durchaus brennbare Stoffe enthalten können. In Deutschland dürfen Fassaden nur nicht brennbar sein[12].

---

12 In der Musterhochhausrichtlinie heißt es unter § 3 Abs. 3 Außenwände: Nichttragende Außenwände und nichttragende Teile tragender Außenwände müssen in allen ihren Teilen aus nichtbrennbaren Baustoffen bestehen. Dies gilt nicht für Fensterprofile und deren Fugendichtungen sowie für Dämmstoffe in geschlossenen Fensterprofilen.

4.6　Rauch

Die Windlasten, welche auf ein Hochhaus einwirken, seien an folgendem Beispiel verdeutlicht (Münchner Rückversicherungs-AG , 2000): Jeder der beiden Türme des World Trade Centers in New York hatte Abmessungen von etwa 65 auf 65 Meter. Dies entspricht einer ungefähren Geschossfläche von 4 225 m². Bei einer Höhe von 417 bzw. 415 Metern bedeutet das, nimmt man die für deutsche Hochhäuser als Berechnungsgrundlage angenommene durchschnittliche Windgeschwindigkeit, dass auf jeden Turm (und damit auch auf die Fassadenelemente) eine Last von 4 500 Tonnen einwirkte.

Dabei wirken keine gleichmäßigen Windlasten auf ein Gebäude. Der Winddruck ist in den oberen Geschossen meist größer. Das liegt auch daran, dass der Wind dort ungehindert auf die Fassade drücken kann, während die unteren Geschosse in der Regel durch Unebenheiten im Gelände oder andere Gebäude geschützt sind.

Schwere Stücke von rasiermesserscharfem, zerbrochenem Fensterglas, die aus dem zehnten oder zwanzigsten Geschoss auf die Straße fallen, können schwere oder gar tödliche Verletzungen verursachen. Das herabfallende Glas kann Personen treffen, die auf dem Gehweg stehen, ebenso wie Einsatzkräfte (Eigensicherung beachten!).

Abluftöffnungen über Festverglasungen sind nur begrenzt herstellbar. Bei den meisten Hochhausbränden ist dies überhaupt nicht möglich, da es zu einer nicht hinnehmbaren Gefährdung führen würde. Vorhangfassaden sind, wie bereits erwähnt, keine tragenden Bauteile. Sie hängen an der jeweiligen Geschossdecke. Geben die Anker, an denen die Fassade errichtet worden ist, nach, fallen ganze Fassadenelemente herunter!

Merke:
Während die vorgehenden Trupps in normalen Gebäuden selbst entscheiden, ob sie Scheiben einschlagen, um beispielsweise Entrauchungsöffnungen zu schaffen, muss bei Hochhäusern zum Einschlagen der Scheiben die Erlaubnis der Einsatzleitung eingeholt werden. Der auf der Fassade lastende Winddruck hat nicht nur Auswirkungen auf die Stabilität der Glaselemente, sondern beeinflusst auch erheblich die Rauchausbreitung im Gebäude sowie die Brandintensität, sobald die Scheiben zerstört sind.

4.6　Rauch

Bei einem Brand entsteht heißer Rauch. Die Rauchtemperatur beträgt in der Nähe des Brandherds in der Regel zwischen 650 und 760 °C. Wenn der Rauch sich vom

Brandherd, der so genannten »Heißrauchzone« entfernt, verliert er an Wärme. Zieht der Rauch durch Treppenräume, Flure und Schächte, wird er von der Umgebungsluft, den Betonwänden und Decken gekühlt.

In einem Hochhaus bewegt der Schichteffekt den Rauch durch das Gebäude in die »Kaltrauchzone«. Der Schichteffekt wird durch Temperaturunterschiede, die innerhalb und außerhalb eines abgeschlossenen Hochhauses bestehen, verursacht. Der Temperaturunterschied erzeugt im Innern des Gebäudes Druckunterschiede, die den Rauch 10 oder 20 Geschosse weit vom Brandherd wegtransportieren können. Der Rauch kann durch Treppenräume, Aufzugsschächte, rauchsichere Treppenhäuser, Rauchabzüge, Leitungen von Klimaanlagen, Versorgungsschränke, Posteinwurfschächte, verdeckte Räume und Inspektionsöffnungen an der Außenhaut von Vorhangfassaden nach oben – manchmal auch nach unten – wandern (Bild 26). Er sammelt sich unter Umständen irgendwo in einem abgelegenen Teil des Gebäudes. Der Rauch ist zwar kalt und hat seinen Wärmeauftrieb verloren, bleibt aber unverändert toxisch und stellt somit eine erhebliche Gefahr dar (Berufsfeuerwehr

Bild 26: *Vermutlich durch eine in die Abluftleitung gelangte Zigarette kam es in einer Diskothek in Wien zu einem Schwelbrand der Staubablagerungen in den Lüftungsleitungen. Der Brand breitete sich mit der Luftbewegung zunächst in Richtung Technikzentrale aus. Nach Auslösen der Brandmeldeanlage und der damit verbundenen Aktivierung der Brandrauchentlüftung kam es zu einer Änderung der Strömungsrichtung in der Lüftungsleitung mit Flammen- und Rauchaustritt in den Tanzsaal. (Foto: Conny deBeauclair)*

4.6 Rauch

München, 2007). Gerade bei Bränden, bei denen der Rauch keine hohen Temperaturen (mehr) besitzt, beispielsweise wenn die Sprinkleranlage ausgelöst hat und der Rauch »kalt« und nass ist, kann der Winddruck, der auf das Gebäude und dessen Öffnungen wirkt, den Rauch zurück in das Gebäude und auch nach unten drücken.

In diesem Zusammenhang wird zwischen dem positiven und dem negativen Kamineffekt unterschieden. Unter einem positiven Kamineffekt ist Folgendes zu verstehen: Mit zunehmender Temperatur des Brandes steigt auch der Druck des Rauches. Die Einsatzbeispiele aus Los Angeles, Philadelphia und Chicago zeigen eindrucksvoll, welche Auswirkungen dies auf den Einsatzverlauf haben kann. Verstärkt wird dieser Effekt, wenn eine unmittelbare Verbindung zu den Treppenräumen besteht. Diese wirken dann wie der Kamin eines Ofens: Je größer die Unterschiede zwischen der Außentemperatur und der Temperatur des Feuers bzw. austretenden Rauches sind, umso stärker wirkt der Kamineffekt.

Negativ ist der Kamineffekt dann, wenn die Luft im Gebäude kälter ist, als die Luft außerhalb des Gebäudes. Dies kann beispielsweise durch eine Klimaanlage verursacht werden. Dann zieht der Rauch nach unten hin ab (U. S. Fire Adminsitration, 1993). Die Tabelle 2 stellt die verschiedenen Rauchausbreitungseffekte, die in einem Hochhaus auftreten können, vor.

4 Gefahren bei der Hochhausbrandbekämpfung

Tabelle 2: *Rauchausbreitungseffekte in einem Hochhaus*

Phänomen	Beschreibung	Ursache	Gefahr	Maßnahmen
Positiver Kamineffekt	Rauch zieht von unten nach oben durch den Treppenraum (ähnlich wie bei einem Ofenrohr). In den Geschossen unterhalb des Brandgeschosses wird Luft aus den Nutzungseinheiten in den Treppenraum gesogen, in den Geschossen oberhalb des Brandgeschosses wird Luft aus dem Treppenraum in die Nutzungseinheiten gedrückt.	Die Temperatur außerhalb des Gebäudes ist kälter als die Temperatur im Gebäude. Verstärkt wird der Effekt durch hohe Rauchgastemperaturen.	Der Treppenraum ist nicht mehr nutzbar. Unter Umständen ist der Druck, mit dem der Rauch aus der Nutzungseinheit austritt, größer als der Überdruck im Sicherheitstreppenraum.	Türen zum Treppenraum geschlossen halten, ausreichend Abluftöffnungen im Treppenraum schaffen.
Negativer Kamineffekt	Rauch zieht von oben nach unten durch den Treppenraum. In den Geschossen unterhalb des Brandgeschosses wird Luft vom Treppenraum in die Nutzungseinheiten gedrückt, in den Geschossen oberhalb des Brandgeschosses wird Luft aus den Nutzungs-	Die Temperatur außerhalb des Gebäudes ist wesentlich höher als die Temperatur im Gebäude (z. B. im Sommer beim Einsatz einer Klimaanlage). Verstärkt wird der Effekt durch kalten Rauch, beispielsweise beim Einsatz einer	Der Treppenraum ist nicht mehr nutzbar.	Türen zum Treppenraum geschlossen halten, ausreichend Abluftöffnungen im Treppenraum schaffen.

4.6 Rauch

Tabelle 2: *Rauchausbreitungseffekte in einem Hochhaus – Fortsetzung*

Phänomen	Beschreibung	Ursache	Gefahr	Maßnahmen
	einheiten in den Treppenraum gesogen.	Sprinkleranlage oder bei einem Schwelbrand.		Türen zum Treppenraum geschlossen halten. Schließen von Fenstern in den Nutzungseinheiten, Fenster in den Nutzungseinheiten nicht zerstören.
Winddruck	Wind drückt auf die Fassade des Hochhauses. Bei geöffneten oder zerstörten Fenstern wird der Rauch zurück in die Nutzungseinheit gedrückt und durch offenstehende Türen in den Treppenraum.	Der Winddruck, der auf ein Gebäude wirkt. Verstärkt wird der Effekt durch das Aufbrennen des Feuers und den damit verbundenen höheren Rauchgastemperaturen (siehe positiver Kamineffekt).	Der Treppenraum ist nicht mehr nutzbar. Unter Umständen ist der Druck, mit dem der Rauch aus der Nutzungseinheit austritt, größer als der Überdruck im Sicherheitstreppenraum.	
Pilseffekt	Rauch sammelt sich in den oberen Geschossen.	Neben dem Treppenraum findet der Rauch seinen Weg durch Schächte (z. B. Leitungs- und Versorgungsschächte oder Aufzugsschächte). Da der Rauch in den oberen Geschossen nicht austreten kann, sammelt er sich dort.	Unkontrollierte Rauchausbreitung in den oberen Geschossen.	Absuchen und regelmäßiges Erkunden der oberen Geschosse, ausreichend Abluftöffnungen schaffen.
Schichteffekt	Rauch sammelt sich in beliebigen Geschossen zwischen dem obersten	Die Ursache ist dieselbe wie beim Pilseffekt. Allerdings kühlt der Rauch	Unkontrollierte Rauchausbreitung in beliebigen Geschossen. Meist fällt	In einer ersten Phase Absuchen der drei Geschosse oberhalb des Brandge-

Tabelle 2: *Rauchausbreitungseffekte in einem Hochhaus – Fortsetzung*

Phänomen	Beschreibung	Ursache	Gefahr	Maßnahmen
	Geschoss und dem Brandgeschoss, aber auch in einem beliebigen Geschoss unterhalb des Brandgeschosses.	so stark ab, dass er nicht bis in das oberste Geschoss aufsteigen kann oder sickert, ähnlich wie beim negativen Kamineffekt, nach unten.	dieses Phänomen auf, wenn Notrufe von im Gebäude belassenen Personen abgesetzt werden.	schosses, dann der drei Geschosse unterhalb des Brandgeschosses, aller kritischen Punkte und der Stellen, von wo aus Hilferufe gemeldet wurden oder sich Personen aufhalten können. Bei Bedarf Absuchen aller Geschosse, Herstellen von ausreichend Entlüftungsöffnungen.

4.6 Rauch

Entscheidend ist zudem der Winddruck, der auf der Fassade eines Hochhauses lastet. Um die Auswirkung von Wind, der auf die Fassade drückt, zu untersuchen, hat die Feuerwehr Chicago einen Versuch durchgeführt. Zum Einsatz kam dabei der Gerätewagen Großlüfter, bei dem der Lüfter mechanisch bis auf die Höhe des 4. Obergeschosses gehoben werden kann. Der Lüfter wurde dazu benutzt, um den Winddruck auf eine Fassade zu simulieren, dabei wurde eine Windgeschwindigkeit von 25 bis 30 km/h angenommen. Das Ergebnis war alarmierend! Das Feuer in der Nutzungseinheit wurde derart angefacht, dass eine vollwandige Tür in weniger als vier Minuten durchgebrannt war. Das Feuer hatte sich mit einer solchen Intensität in den Treppenraum ausgebreitet, dass die dort aufgestellten Messgeräte zerstört wurden (Mc Grail, 2007). Ein Versuchsziel sollte auch sein, Gegenmaßnahmen zu entwickeln. Darum wurde ein Einsatz von Überdruckbelüftern erprobt, der aber nicht den erhofften Erfolg brachte.

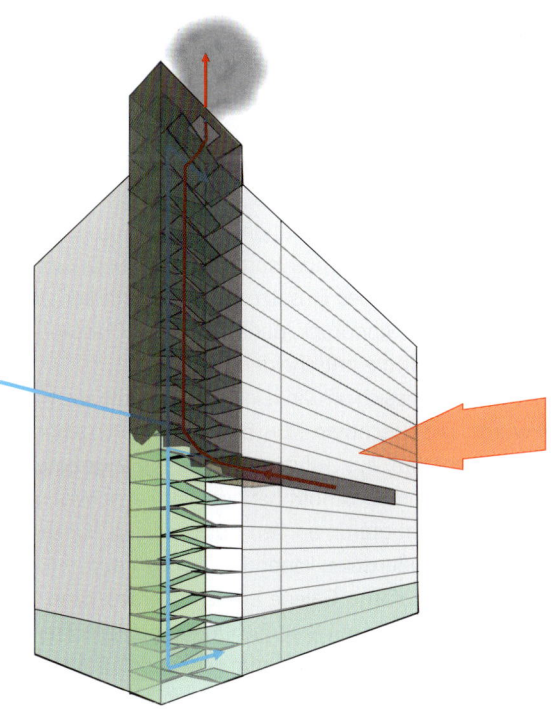

Bild 27: *Der Winddruck, der auf der Fassade lastet, kann unter Umständen größer sein, als der Überdruck im Treppenraum. Werden Fenster geöffnet und steht die Tür zur betroffenen Nutzungseinheit offen, kann auch ein überdruckbelüfteter Treppenraum verrauchen. (Grafik: Grünwald/von Kaufmann)*

4 Gefahren bei der Hochhausbrandbekämpfung

Merke:
Die Kraft eines relativ schwachen Windes kann unter Umständen schon ausreichen, dass der Druck, der in einem Sicherheitstreppenraum herrscht, geringer ist als der Winddruck – unabhängig von der Temperatur des Brandrauches (Bild 27). Deswegen müssen die Folgen genau abgewägt werden, wenn Öffnungen in der Fassade hergestellt werden sollen. Ebenso sollten Türen zum Brandgeschoss – wenn immer möglich – geschlossen gehalten werden.

Die Wirkung von Wind auf eine Hochhausfassade im Brandfall soll mit folgendem Beispiel verdeutlicht werden.

4.6.1 Einsatzbeispiel Hochhausbrand Stuttgart

In den frühen Abendstunden des 2. März 2008 ereignete sich ein dramatischer Wohnungsbrand in einem Hochhaus im Stuttgarter Stadtteil Mönchfeld. Dabei entstand ein Sachschaden in Höhe von rund 250 000 Euro (Hachtel, 2009; Feuerwehr Stuttgart, 2008).

Das Feuer brach im 6. Stockwerk eines 17-geschossigen Hochhauses aus. Anwohner bemerkten eine starke Rauchentwicklung und verständigten die Feuerwehr. Die 25-jährige Wohnungsinhaberin sowie ihre vier und ein Jahr alten Kinder konnten sich aus der brennenden 3-Zimmer-Wohnung in Sicherheit bringen. Vermutlich brach das Feuer im Kinderzimmer aus. Die Mutter und ihre beiden Kinder wurden mit Verdacht auf Rauchgasintoxikation in ein Krankenhaus gebracht.

An den beiden Tagen vor dem Brandausbruch fegte der Orkan »Emma« über Stuttgart hinweg. Zum Zeitpunkt des Einsatzes herrschte starker Wind, allerdings nicht mehr in Orkanstärke. Der Winddruck, der somit auf der Fassade lastete, spielte für den weiteren Einsatzverlauf die entscheidende Rolle.

Bei dem Hochhaus handelt es sich um ein reines Wohnhochhaus, das in den 1980-er Jahren errichtet wurde. Die Geschosse 1 bis 16 werden durch einen Treppenraum erschlossen. Vom Treppenraum aus führt ein v-förmig angelegter Flur zu den einzelnen Wohnungen. In jedem Geschoss befinden sich acht Wohnungen. Neben dem Erschließungstreppenraum grenzt an den notwendigen Flur an der Nordseite des Gebäudes ein an der Außenseite liegender Treppenraum an, der in jedem Wohngeschoss nur über eine offene Galerie erreicht werden kann, in den beiden Untergeschossen über eine Schleuse mit Brandschutztüren. Dieser Treppenraum wird von der Feuerwehr auch als Angriffstreppenraum verwendet. Das Hochhaus verfügt über keine Feuerwehraufzüge, die Geschosse werden aber durch zwei normale

4.6 Rauch

Aufzüge erschlossen. Im außenliegenden Treppenraum befindet sich eine Löschwasseranlage »nass« mit einem Wandhydranten Typ »F«.

Um 17.48 Uhr alarmierte die Leitstelle der Berufsfeuerwehr Stuttgart den Löschzug der Feuerwache 4 in Stuttgart-Feuerbach zu einem Wohnungsbrand (Brand 4). In Stuttgart rücken zu einem solchen Ereignis ein Einsatzleitwagen (ELW-Leitungsdienst), das Hilfeleistungslöschfahrzeug-A (HLF-A), die Drehleiter (DLK 23-12) und ein weiteres Hilfeleistungslöschfahrzeug (HLF-B) aus.

Zudem wird ein zweites HLF-B mitalarmiert, das für den Löschzug den Sicherheitstrupp stellt. Die Hilfeleistungslöschfahrzeuge sind mit jeweils vier Feuerwehrangehörigen besetzt. Zusätzlich wurde die örtlich zuständige Abteilung Mühlhausen der Freiwilligen Feuerwehr alarmiert. Die ersten Kräfte trafen wenige Minuten später vor Ort ein. Aufgrund des Meldebildes und der eingehenden Anrufe wurde durch die Leitstelle auf 2. Alarm erhöht, was einen zweiten Löschzug der Berufsfeuerwehr, den Direktionsdienst sowie den AB-Atemschutz und das Messleitfahrzeug beinhaltet.

Phase I

Dem Direktionsdienstbeamten stellte sich folgende Lage dar: Im 6. Obergeschoss brannte es in zwei über Eck liegenden Zimmern einer Wohnung, die sich an der südwestlichen Gebäudeecke des Hochhauses befand. Die Fenster waren bereits geborsten und – obwohl beide Zimmer im Vollbrand standen – schlugen Flammen nicht wie in der Situation zu erwarten gewesen wäre aus dem Fenster ins Freie, sondern wurden in die Wohnung zurückgedrückt (Bild 28). Der Direktionsdienst beschrieb die Situation analog der eines Blickes in einen Brennofen, da der voll entwickelte Brand deutlich zu erkennen war.

Die Bewohner des 6. Obergeschosses hatten sich weitestgehend selbst ins Freie retten können. Auch die Familie, welche in der Brandwohnung wohnte, war bei Eintreffen der Feuerwehr bereits in Sicherheit. Dies konnte den beiden ersten vorgehenden Trupps allerdings erst im Laufe der Brandbekämpfungsmaßnahmen mit Sicherheit mitgeteilt werden. Die Bewohner der restlichen Etagen waren teilweise dabei, sich ins Freie zu retten, zum Teil verblieben sie aber auch in den Wohnungen. Nicht von allen Bewohnern wurde der Einsatz als solcher überhaupt wahrgenommen.

Nach dem Stuttgarter Hochhausstandard gehen die Fahrzeugbesatzungen beider HLF (Stärke 1/6/7) als geschlossene Einheit vor, wobei der Fahrzeugführer des HLF-A die Führung beider Trupps übernimmt. Der Maschinist des HLF-A bleibt beim Fahrzeug. Die Besatzung der Drehleiter unterstützt und verlegt die Wasserversorgung zur Einspeisestelle.

Die Trupps bekamen den Auftrag, über das nördliche Treppenhaus zur Menschenrettung und Brandbekämpfung vorzugehen. Zwischen dem 5. und 6. Ober-

4 Gefahren bei der Hochhausbrandbekämpfung

Bild 28: *Der voll entwickelte Wohnungsbrand ist gut zu erkennen. Trotzdem schlagen keine Flammen aus dem Fenster, der Brand wird vom Wind in die Wohnung zurückgedrückt. (Foto: Berufsfeuerwehr Stuttgart)*

geschoss richteten die eingesetzten Kräfte das Depotgeschoss ein und bereiteten sich dann auf den Innenangriff vor. Für die Sicherstellung der Wasserversorgung wurde ein Wandhydrant verwendet, der sich ebenfalls auf dem Zwischenpodest befand. Zu diesem Zeitpunkt war der notwendige Flur zu der Brandwohnung noch weitgehend rauchfrei.

Inzwischen konnte durch die Einsatzleitung die Rückmeldung abgegeben werden, dass sich alle Bewohner des 6. Obergeschosses in Sicherheit befinden. Somit fiel der Entschluss des Fahrzeugführers des HLF-A, den Löschangriff über die Eingangstür der Brandwohnung aufzunehmen. Mit dem Öffnen der Tür wurden das Feuer und die heißen Brandgase durch den Winddruck schlagartig in den notwendigen Flur getrieben. Für die sich im Innenangriff befindenden Kräfte verschärfte sich die Situation daher binnen weniger Augenblicke erheblich. Der Rückzugsweg war nun

4.6 Rauch

wesentlich länger, zudem musste der Löschangriff gegen das Feuer und den mit erheblichem Druck entweichenden Rauch vorangetragen werden. Die eingesetzten Kräfte berichteten später, dass sie für jeden Meter, den sie sich vorwärtsbewegen konnten, einen halben Meter zurückweichen mussten.

Phase II
Um die Situation zu entschärfen und den im Innenangriff eingesetzten Trupps bessere Bedingungen zu verschaffen, wurde vom Direktionsdienst befohlen, die Drehleiter im Außenangriff einzusetzen.

Auch in Stuttgart verfügen Hochhäuser nicht über Aufstellflächen für Drehleitern, sodass der Einsatz der DLK 23-12 nicht zwingend zum Erfolg führen musste. Die Drehleiter konnte jedoch so geschickt positioniert werden, dass sie gerade noch nah genug an ein Fenster der Brandwohnung heranreichte, um den Außenangriff aufzunehmen. Inzwischen war es einem weiteren vordringenden Trupp möglich, sich über die Küche der Wohnung auf den Balkon, der um das Eck lag – und somit auf die der Drehleiter abgewandte Seite des Hauses – vorzuarbeiten. Von dort aus konnte der Trupp das Feuer im Wohnzimmer bekämpfen.

Phase III
Schnell wurde klar, dass eine Vielzahl von Personen vorübergehend versorgt und betreut werden musste. Aus diesem Grund wurden durch die Integrierte Leitstelle verstärkt rettungsdienstliche Kräfte nachgeführt. Die Betreuung gelang mithilfe des Großraumrettungswagens der Berufsfeuerwehr sowie einer Schnelleinsatzgruppe (SEG) des DRK, welche die Betreuungsmaßnahmen in einem nahe gelegenen Vereinsheim übernahm. Insgesamt mussten sieben Personen mit dem Verdacht auf eine Rauchgasintoxikation ins Krankenhaus gebracht werden. Die Bewohner des Hochhauses konnten am späten Abend wieder in ihre Wohnungen zurückkehren.

Neben dem Einsatzabschnitt »Menschenrettung/Brandbekämpfung« wurde die Einsatzstelle in folgende Einsatzabschnitte gegliedert: Ein Einsatzabschnitt zur Kontrolle der Geschosse 5, 7, 8 und 9 wurde durch den Leitungsdienst 3 geführt, dort waren Kräfte der Freiwilligen Feuerwehr und des zweiten Löschzuges der Berufsfeuerwehr im Einsatz. Teilweise mussten hier Türen gewaltsam geöffnet werden, da auch von Nachbarn nicht zweifelsfrei Auskunft über den Verbleib von Personen gegeben werden konnte. Der Einsatzabschnitt »Betreuung« wurde vom Einsatzleiter Rettungsdienst geführt.

Das Hochhaus war außen mit Mineralfaserplatten verkleidet, die mit einer Konterlattung an der Fassade befestigt waren. Zwischen den Platten und der eigentlichen Hauswand befand sich zudem noch Isoliermaterial. Trotzdem war das Feuer aufgrund des Winddruckes soweit in die Wohnung zurückgedrückt worden, dass keine Feuerwalze entstehen konnte, die zu einem Brennen der Fassade geführt hätte. Es konnte aber nicht davon ausgegangen werden, dass es nicht zu einem Schwelbrand zwischen den Platten und der Fassade gekommen war.

Mit der Drehleiter konnte nur der Bereich um das Fenster an der Südseite kontrolliert werden (Bild 29). Der Bereich um das Fenster an der Westseite war so nicht kontrollierbar. Nachdem dort ein Einsatz der Drehleiter zur Kontrolle aufgrund ihrer begrenzten Reichweite nicht möglich war, wurde die Höhenrettungsgruppe der Berufsfeuerwehr Stuttgart nachalarmiert. Der Höhenrettungsgruppe war es möglich, sich an der Fassade abzuseilen und diese soweit aufzunehmen, dass eine Brandausweitung zwischen den Platten und der Außenwand verhindert werden konnte. Lediglich in unmittelbarer Nähe zu den Fenstern kam es zu einem Verkohlen der Holzlattung. Diese Maßnahme wurde erst nach Abschluss der Löscharbeiten in der Wohnung durchgeführt.

Insgesamt war die Feuerwehr Stuttgart mit zwei Löschzügen der Berufsfeuerwehr, zwei Abteilungen der Freiwilligen Feuerwehr, zahlreichen Sonderfahrzeugen und der Höhenrettungsgruppe vor Ort. Bei der Brandbekämpfung erlitten zwei Feuerwehrangehörige Brandverletzungen und mussten sich im Krankenhaus behandeln lassen.

Folgen für das eigene Handeln:

- Der Einsatz selbst stellte für die Berufsfeuerwehr Stuttgart keine besondere Herausforderung dar. Was allerdings zu einer erheblichen Verschärfung der Lage geführt hatte, war der Wind, der das Feuer – anders als eigentlich zu erwarten war – zurück in die Wohnung und nach dem Öffnen der Wohnungstür in den Flur gedrückt hat. Dies hatte zum einen zur Folge, dass der notwendige Flur als Rettungsweg ausfiel. Hätten sich noch Bewohner in den Wohnungen im 6. Obergeschoss befunden, wäre ihre Rettung bis zum Löschen des Brandes nicht möglich gewesen. Zum anderen hatten sich die vorgehenden Trupps nach dem Öffnen der Wohnungstür schlagartig in einer wesentlich kritischeren Situation wiedergefunden.
- Der Angriffstreppenraum befand sich am entgegengesetzten Ende zur Brandwohnung. Die Rauchgase wurden mit so starkem Druck in den Flur gedrückt, dass es nicht nur zu einer erheblichen Verschlechterung der Sicht kam, sondern auch zu einer deutlichen Temperaturzunahme. Hierdurch wurde der Rückzugsweg wesentlich länger. Weil die Türen und

4.6 Rauch

Bild 29: *Die Wohnung ist gerade noch mit der Drehleiter zu erreichen. (Foto: Berufsfeuerwehr Stuttgart)*

Fenster während des Einsatzes konsequent geschlossen waren, gab es kaum Schäden. Die Tür zur Brandwohnung wurde durch die Bewohner beim Verlassen geschlossen und erst durch den Angriffstrupp der Feuerwehr geöffnet. Zu diesem Zeitpunkt hatten bereits alle Bewohner des 6. Obergeschosses ihre Wohnungen verlassen. Selbst in der unmittelbar angrenzenden Wohnung war keine Rauchbeaufschlagung festzustellen.

- Der Rauch wurde durch den Flur über die Galerie ins Freie gedrückt. Ein Eindringen in den Sicherheitstreppenraum hat zu keinem Zeitpunkt stattgefunden.
- Die Entscheidung des Einsatzleiters, sofort alle verfügbaren Mittel zur Brandbekämpfung und damit zur Entschärfung der kritischen Situation einzusetzen, war aufgrund der Situation vollkommen richtig. Der erfolgreiche Einsatz der Drehleiter war nicht zwingend abzusehen, jedoch war die Reichweite ausreichend genug, um das Feuer von außen – und damit aus einem sicheren Bereich – mit wenigen Kräften effektiv bekämpfen zu können.

- Der Einsatz von Lüftern wäre in dieser Situation nicht möglich gewesen. Der Winddruck war stärker als der durch Lüfter erzeugbare Gegendruck. Somit wäre durch das Ableiten des durch Lüfter erzeugten Drucks durch den Winddruck in den notwendigen Treppenraum der Kamineffekt eher noch verstärkt worden, als dass der Lüftereinsatz zu einer Entschärfung der Situation geführt hätte.

Hinweis zum mobilen Rauchverschluss

Zunehmend werden bei den Feuerwehren mobile Rauchverschlüsse verwendet. Bei der Berufsfeuerwehr München ist der mobile Rauchverschluss inzwischen zu einem Standardwerkzeug geworden und wird auch bei Hochhausbränden erfolgreich eingesetzt. Anfangs war er jedoch aufgrund seines Gewichts nicht unumstritten.

Mobile Rauchverschlüsse werden vor dem Öffnen der Tür zu der vom Brand betroffenen Nutzungseinheit in das Türblatt gespannt. Sie bestehen aus einem nicht brennbaren Gewebe, das durch Spannstreben im Türrahmen gehalten wird und reduzieren so die Rauchausbreitung in den Treppenraum. Gleichzeitig ermöglichen sie aber auch einen sofortigen Rückzug des Angriffstrupps im Gefahrenfall.

Der Einsatz eines mobilen Rauchverschlusses zwischen dem Treppenraum und der jeweiligen Nutzungseinheit, aber auch zwischen dem notwendigen Flur – soweit dieser bereits verraucht ist – und dem Treppenraum ist sinnvoll und führt zumindest nicht zu einer weiteren Eskalation der Lage. Der mobile Rauchverschluss hat in überdruckbelüfteten Treppenräumen zudem den Effekt, dass er die Öffnung zur Nutzungseinheit klein hält und der Druckerhalt im Treppenraum somit besser sichergestellt werden kann. Bei starkem Winddruck, der gerade auch bei Hochhausbränden den Brandverlauf negativ beeinflussen kann, kann der mobile Rauchverschluss in Kombination mit einem Belüftungssystem die Lage entscheidend entschärfen. Hierbei ist der Rauchverschluss im oberen Türbereich anzubringen, um gegenläufige Luftströmungen zu verhindern. Erreicht der Winddruck eine Stärke, die auch mit dem Einsatz von Belüftungsgeräten nicht mehr kompensiert werden kann, sollte der Eingangsbereich des Brandes geschlossen bleiben und es muss nach einer Alternativlösung (bspw. die Verwendung mehrerer mobiler Rauchverschlüsse) gesucht werden (Reick, 2015).

Zusammenfassend bleibt – zumindest aus den Erfahrungen der Autoren – zu sagen, dass die Wirkung des mobilen Rauchverschlusses dessen Gewicht allemal wieder wettmacht. Bei Hochhausbränden hat der mobile Rauchverschluss gerade dann seine Stärken gezeigt, wenn es das Ziel war, Treppenhäuser rauchfrei zu halten, um sich die Option der Evakuierung der darüberliegenden Geschosse offen zu halten.

4.7 Einsturzgefahr

Die einzelnen Decken, welche die Geschosse voneinander trennen, müssen nach der Hochhausrichtlinie mindestens mit einer Feuerwiderstandsdauer von 90 Minuten (F 90-A) ausgeführt sein. Mit einem Einsturz der Geschossdecken ist im Allgemeinen nicht zu rechnen. Jedes Geschoss kann allerdings Zwischendecken oder -böden für die Haustechnik haben, die bei entsprechender Brandeinwirkung einstürzen können. Das gleiche gilt für Leichtbauwände und Trennwände, die beispielsweise eine Büroeinheit von 400 m² in kleinere Büroeinheiten trennen. Diese müssen aber auch mindestens feuerhemmend ausgeführt sein.

Seit den Terroranschlägen auf das Word Trade Center in New York vom 11. September 2001 wurde auch immer wieder der Fall eines Flugzeugabsturzes in ein Gebäude und das damit verbundene Risiko eines Einsturzes diskutiert (Schuler, 2003). Bisher gab es lediglich für Atomkraftwerke das Szenario eines Flugzeugabsturzes mit entsprechenden Auswirkungen auf die Schutzhülle des Reaktors. Welche Auswirkungen hat aber ein Flugzeugabsturz auf ein Hochhaus?

Der Absturz eines kleinen Sportflugzeuges (Pirelli-Hochhaus in Mailand am 18. April 2002) oder Hubschraubers hat kaum Auswirkungen auf die Statik. Ist das Flugzeug voll betankt, kann der auslaufende Kraftstoff ein größeres Feuer verursachen. Die Auswirkungen beim Einschlag eines Businessjets oder Kampfflugzeuges in ein Hochhaus hängen von der Aufprallgeschwindigkeit und der Menge an mitgeführtem Kraftstoff ab. Hier können durchaus Kräfte entstehen, die Auswirkungen auf die Statik des Gebäudes haben. Zudem sind die Treibstoffmengen groß genug, um einen ausgedehnten Brand zu verursachen. Somit kann es, in Abhängigkeit von Konstruktion und Größe eines Gebäudes, durchaus zum Einsturz kommen.

Hochhäuser so zu konstruieren, dass sie einem Flugzeugabsturz standhalten können, würde ein komplettes Umdenken beim Gebäudedesign und der Konstruktionsform bedingen. Das zieht in Folge auch einen erheblich höheren Kostenfaktor mit sich, mit fraglichem Erfolg, da es kaum konstruktive Möglichkeiten gibt, den Aufprall eines Passagierflugzeuges auf ein Hochhaus aufzufangen. Solche Szenarien stellen auch in Zeiten einer latenten Terrorbedrohung die absolute Ausnahme dar. Deswegen soll es an dieser Stelle bei einer Randbemerkung bleiben.

4 Gefahren bei der Hochhausbrandbekämpfung

> **Merke:**
> Damit es zum Einsturz tragender Teile, die für die Statik wichtig sind, kommt, sind in der Regel ein lang anhaltendes und massives Feuer sowie erhebliche bauliche und brandschutztechnische Mängel notwendig. Im Windsor Tower in Madrid brannte das Feuer beispielsweise mehr als zwei Stunden, bis die ersten Decken einstürzten. Nicht tragende Teile können allerdings schon früher einbrechen oder abstürzen. Hier sei nochmals der Verweis auf die Vorhangfassade erlaubt.

4.8 Baustellen

Zahlreiche Hochhausbrände ereignen sich während der Bauphase[13] oder bei Umbaumaßnahmen (beispielsweise Windsor Tower, Interstate Building). Die Ursache dafür ist meist nicht technisches Versagen, sondern die Leichtsinnigkeit von Menschen. Beispiele hierfür sind weggeworfene Zigarettenkippen, Flex- und Schweißarbeiten oder unsachgemäße Kochgeräte. Während einer Umbauphase ist beispielsweise auch im *Bradgate Building* (1990) und im *London Underwriting Centre* (1991) ein Feuer ausgebrochen (Münchner Rückversicherungs-AG, 2000). Hier hat der Brand, der in Wohncontainern ausgebrochen war, die aus Platzgründen im Atrium des Gebäudes aufgestellt wurden, lange Zeit vor sich hingeschwelt, bis es zu einer plötzlichen Durchzündung kam.

Die Logistik bei Hochhausbaustellen ist angesichts eingeschränkter Platzverhältnisse und immer kürzerer Bauzeiten schwierig (Bild 30). Nur ein kontinuierlicher Materialtransport nach dem Just-in-time-Prinzip kann sicherstellen, dass knappe Bauablaufpläne eingehalten werden. In den Gebäuden lagern in der Bauphase oder bei Renovierungsarbeiten große Mengen an Verpackungsmaterial, das leicht entzündlich ist. Zudem sind Durchbrüche oft noch nicht verschlossen oder Feuerlöscheinrichtungen noch nicht eingebaut. Beim Brand des *London Unterwriting Centers* war es besonders problematisch, dass das Feuer im Atrium des Gebäudes ausgebrochen ist und sich aufgrund der Kaminwirkung bis auf das Dach und in die angrenzenden Räumlichkeiten ausbreiten konnte.

---

13 Beispielsweise Dubai, Hochhaus im Neubauviertel Jumairah Lake Towers: zwei Tote und 32 verletzte Bauarbeiter am 18. Januar 2007 (Spiegel online); Neubau eines Pekinger Luxushotels nahe der künftigen Zentrale des chinesischen Staatsfernsehens CCTV am 10. Februar 2009 (Tagesspiegel, 2009)

4.8 Baustellen

Bild 30: *Eine Hochhausbaustelle stellt enorme logistische Anforderungen. (Foto: Berufsfeuerwehr München)*

Wegen der steigenden Kosten und dem Termindruck wird oft an der Sicherheit gespart, obwohl das Risikopotenzial erkannt wurde. Die Masse der brennbaren Materialien und deren Verteilung über alle Stockwerke während der Bauphase ist daher oft die Hauptursache für ausgedehnte und schwer zu kontrollierende Brände. Da sich die Situation auf den Baustellen mit dem Baufortschritt stetig ändert, sind die Baustellenpläne entsprechend den Bauphasen mit der Feuerwehr – zumindest bei Großbaustellen – abzustimmen. Im Fokus müssen dabei Feuerwehrzufahrten, Brandabschnitte, Löschwasserversorgung und -leitungen sowie die Vermeidung von besonders hohen Brandlasten stehen. Gefahrenpunkte wie brennbare Flüssigkeiten, Gasdepots, Kabel- und Aufzugsschächte (*Garley Building Hongkong*), temporäre Decken und Mauerdurchbrüche müssen hierbei ebenfalls berücksichtigt werden. Gerade bei großen Hochhäusern müssen bereits bei der Planung ausgefeilte Treppen- und Aufzugsysteme sicherstellen, dass das Gebäude im Einsatzfall abschnittsweise und schnell evakuiert werden kann. Dazu gehört auch, dass der Baustellenbereich inklusive der Lagerplätze und Zulieferungsbereiche genau definiert wird.

4 Gefahren bei der Hochhausbrandbekämpfung

Bild 31: *Kaum zu erkennen – die Einspeisevorrichtung für die Löschwasseranlage auf der im Bild 30 gezeigten Baustelle (Foto: Berufsfeuerwehr München)*

Auch die Unterkünfte für die Arbeiter müssen so errichtet werden, dass Abstandsflächen eingehalten werden oder zumindest der Feuerwiderstand der Container erhöht wird (Berufsfeuerwehr München, 2002). Bei Hochhäusern mit mehr als 30 Metern Höhe ist schon während der Bauzeit in dem Treppenraum, welcher für die Bauarbeiter zur Erschließung des Gebäudes benutzt wird, eine funktionierende Steigleitung hoch zu führen und mit dem Baufortschritt von Geschoss zu Geschoss weiter auszubauen (Bild 31). Ist die Löschwasseranlage »trocken« in DN 50 ausgeführt, kann sie bis in eine Höhe von 50 Metern mit einer Fahrzeugpumpe so gespeist werden, dass zumindest ein C-Hohlstrahlrohr vorgenommen werden kann (Messerer & Klingsohr, 2005).

Schwierig gestaltet sich der Materialtransport in das Brandgeschoss. Baustellenaufzüge sind keine Feuerwehraufzüge. Insofern wird der erste Zugriff auch zu Fuß durchgeführt werden müssen. Hilfreich – zumindest in der späteren Bauphase – kann der Einsatz von Turmdrehkränen sein, soweit diese nicht (wie beispielsweise beim Brand im Windsor Tower in Madrid) selbst vom Brandereignis betroffen sind.

4.8 Baustellen

4.8.1 Einsatzbeispiel Hochhausbrand Hongkong

Am 21. November 1996 kam es während Schweißarbeiten in einem Aufzugsschacht eines 16-geschossigen Hochhauses in Hongkongs Stadtviertel Kowloon zu einem Brand, in dessen Verlauf 39 Menschen ums Leben kamen und 80 weitere Personen verletzt wurden (Münchner Rückversicherungs-AG, 2000). Mehr als 90 Hausbewohner konnten – teilweise durch haarsträubende Hubschraubereinsätze, bei denen die Piloten ihr Leben riskierten – gerettet werden.

Im Erdgeschoss des Geschäfts- und Bürohochhauses wurden Instandhaltungs- und Reparaturarbeiten durchgeführt, bei denen sich leicht entzündliches Material infolge von Schweißarbeiten entzündet hat. Das Feuer dehnte sich sofort über den Aufzugsschacht nach oben aus und brannte mit hohem Druck in die obersten drei Geschosse. Die große Hitze und vor allem der Rauch machten die Geschosse für alle Personen, die dort arbeiteten, zur tödlichen Falle. Die Fenster konnten nicht geöffnet werden, die Fluchtwege waren verraucht oder durch das Feuer versperrt. Die Folge war, dass allein im 15. Obergeschoss 22 Tote aufgefunden wurden.

Die Feuerwehr traf bereits kurz nach dem Notruf an der Einsatzstelle ein, sodass zahlreiche Personen gerettet werden konnten. Trotzdem waren hunderte von Feuerwehrleuten im Einsatz und es dauerte zwanzig Stunden, ehe das Feuer gelöscht werden konnte. Warum konnte sich der Brand so schnell über das Gebäude ausbreiten und so fatal für viele Menschen werden? Die Hauptursache lag in den völlig unzureichenden Feuerschutzinstallationen des 21 Jahre alten Gebäudes. Es gab weder Rauchmelder noch eine Sprinkleranlage. Aufgrund der Geschwindigkeit, mit welcher sich das Feuer über den Aufzugsschacht in die obersten Geschosse ausbreiten konnte, ist davon auszugehen, dass auch der bauliche Brandschutz unzureichend war. Als provisorische Aufzugstüren waren Sperrholzplatten eingesetzt worden. Diese konnten dem Feuer keinen Widerstand mehr leisten.

Folgen für das eigene Handeln:
- Mit dem Brandausbruch im Aufzugsschacht ist die neuralgische Stelle des Hochhauses getroffen worden. Der Schacht hat wie ein Kamin eines Ofens gewirkt.
- Das Feuer konnte sich wegen der unzureichend gesicherten Aufzugstüren letztendlich in alle Geschosse ausbreiten, die horizontalen Brandabschnitte fielen somit aus. Werden in der Bauphase nicht schon Teilabschnitte gesichert, hat auch die Feuerwehr keine Möglichkeit mehr, einen Erfolg versprechenden Einsatz zu entwickeln.

4 Gefahren bei der Hochhausbrandbekämpfung

4.9 Reaktionszeit

Eine Besonderheit im Hochhausbau stellen die Transportkapazitäten nach oben dar. Mit wachsender Stockwerkzahl kann die Zahl der Aufzüge nicht beliebig erhöht werden, da sonst die Aufzugsschächte in den unteren Geschossen einen zu großen Teil der Nutzfläche einnehmen würden. Um Fahrzeiten zu verkürzen, werden Shuttleaufzüge verwendet. Mit den Expressaufzügen fährt man in Zwischengeschosse, in denen man dann in normale Aufzüge umsteigen kann, um die nächsten Geschosse zu erreichen (Ingenhoven, 2007). Im Regelbetrieb werden in einem Hochhaus die Aufzüge verwendet. Die meisten Hochhäuser verfügen nicht nur über einen Aufzug, sondern Aufzugbatterien, bei denen mehrere Aufzüge in einem Schacht laufen können.

Im Brandfall steht die Feuerwehr vor dem Problem, wie sie ihre Ausrüstung und ihr Material in die oberen Stockwerke bringen kann. Ein langer Aufstieg erschöpft das Einsatzpersonal unter Umständen so sehr, dass es nicht mehr in der Lage ist, eine effektive Brandbekämpfung durchzuführen. Am kritischsten ist die Reaktionszeit für die ersteintreffenden Kräfte, da diese schnell reagieren müssen, um Personen aus dem Brandgeschoss retten zu können. Der Mensch kann manchmal noch nach bis zu 17 Minuten im Brandrauch (abhängig von der individuellen Ventilationsgeometrie und Brandlast) reanimiert werden. Dies ist das Zeitfenster, das den ersten Kräften für eine Menschenrettung im Brandgeschoss verbleibt (Berufsfeuerwehr München, 2007). Mit der Zeit hat sich neben der konsequenten Forderung und Nutzung eines Feuerwehraufzuges auch das Einrichten eines Depotgeschosses etabliert. Somit können relevante Bereiche, die ein schnelles Handeln erfordern, in das Depotgeschoss verlagert werden. Trotzdem: Das Depotgeschoss kann innerhalb des unmittelbaren Gefährdungsbereichs mit einbezogen sein (siehe Einsatzbeispiel Interstate Bank Building, Los Angeles) oder muss im Laufe des Einsatzes aufgegeben werden (siehe Einsatzbeispiel Windsor Tower Madrid und Einsatzbeispiel Plaza-Building, Philadelphia). Das Einrichten von Patientenablagen ist deshalb entsprechend kritisch zu bewerten. Diese müssen gegebenenfalls so bald wie möglich aufgelöst werden.

Die Aufstiegszeiten können – falls kein Aufzug benutzt werden kann – enorm sein. Verschiedene Versuche haben gezeigt, dass ein Aufstieg mitunter sehr lange dauern kann. Beispielsweise benötigte ein Trupp der Münchener Feuerwehr bei einem Versuch insgesamt 22 Minuten, um die 190 Meter hohe Plattform des Olympiaturms zu erreichen (mit der damals üblichen Hochhausausrüstung) (Bachmeier, 2002). Ein ähnliches Ergebnis hat auch ein Versuch erbracht, der im Rahmen der Neukonzeption des Münchener Hochhauskonzeptes durchgeführt wurde. Allerdings wurde bei der Übung im Olympiaturm eine errechnete Aufstiegszeit vorgegeben und keine Pulsrate (Berufsfeuerwehr München, 2007). Auch Versuche in Berlin, Hamburg und Rostock zeigten ähnliche Ergebnisse (Ross & Mitschker, 2005; Finteis & Oehler, 2003).

> **Merke:**
> Nach einem Aufstieg in einem entsprechend langen Zeitfenster verfügen die Einsatzkräfte nicht mehr über die notwendigen körperlichen Ressourcen, um eine effektive Brandbekämpfung durchführen zu können. Das macht deutlich, dass alles, was nicht im Depotgeschoss bereitsteht, nicht mehr zeitnah oder mit der entsprechenden Wirkung eingesetzt werden kann. Es ist also zwingend erforderlich, alle sicherheitsrelevanten Vorhaltungen wie Sicherheitstrupps oder die Atemschutzeinsatzführung in das Depotgeschoss zu verlegen, ebenso wie den benötigten Nachschub für die Einsatzkräfte und deren medizinische Versorgung – auch unter Inkaufnahme einer eventuellen Gefährdung des Depotgeschosses.

4.10 Belastung der Einsatzkräfte

Abgesehen von der körperlichen Belastung durch die Wärmeentwicklung im Brandraum werden die vorgehenden Trupps stark durch den Aufstieg belastet. Alle eingesetzten Kräfte müssen sich der Gefahr einer Überhitzung des Körpers bewusst sein und entsprechend handeln. Die Einsatzleiter müssen auf die individuellen physischen Grenzen ihrer Einsatzkräfte achten. »Frische« Kräfte müssen zur Ablösung in ausreichender Anzahl bereitstehen (Bildung einer Einsatzreserve!).

Versuchsreihen in Berlin, Hamburg und Rostock (Ross & Mitschker, 2005) haben gezeigt, dass die Belastung der eingesetzten Trupps bei einem Aufstieg über die Treppe nach Überschreiten der Hochhausgrenze eine Brandbekämpfung möglicherweise nicht mehr zulässt. Die Belastung, die auf die Einsatzkräfte wirkt, soll im Folgenden anhand eines Tests, der durch die Feuerwehr München durchgeführt wurde, verdeutlicht werden (Berufsfeuerwehr München, 2007 c). Im Rahmen des Arbeitskreises Hochhausbrandbekämpfung wurde im Bürohochhaus der Münchner Rückversicherung ein Praxistest durchgeführt.

Bei dem beschriebenen Hochhaus handelt es sich um ein 22-geschossiges Bauwerk mit einem Zwischengeschoss, sodass 23 Geschosse für einen Aufstieg zur Verfügung standen. Für den Aufstieg in das 23. Obergeschoss wurde eine Zeit von 7:30 Minuten als fester Parameter angenommen, um die verschiedenen Werte

4 Gefahren bei der Hochhausbrandbekämpfung

Bild 32: *Ausrüstung für den Stoßtrupp nach der alten Form (Foto: Berufsfeuerwehr München)*

zwischen dem Stoßtrupp in der alten Form (Bild 32) und dem Stoßtrupp in der neuen Form (Bild 33) zu erhalten. Ein Ziel des Versuches war es, zu zeigen, dass eine Reduzierung des Ausrüstungsgewichts auch zu besseren körperlichen Werten der Probanden führt und damit der Einsatzwert im angenommenen Brandgeschoss höher ist. Die Zeit wurde als theoretischer Wert festgelegt und aus der Aufstiegsgeschwindigkeit errechnet, die bei der Gebäudehöhe noch hinnehmbar ist. Der Aufstieg erfolgte einzeln mit der jeweiligen Ausrüstung, die jeder Feuerwehrangehörige mitzuführen hatte. Dabei wurde darauf geachtet, dass die vorgegebene Zeit möglichst genau eingehalten wird. Überprüft wurden Parameter wie Alter, Körpergewicht, Body-Maß-Index, Körpertemperatur, Blutdruck, Herzfrequenz und Lun-

4.10 Belastung der Einsatzkräfte

genfunktion. Die Werte wurden jeweils im Erdgeschoss und im 23. Obergeschoss erfasst.

Der Test lieferte folgende Erkenntnisse:
Eine erhöhte körperliche Belastung führt zu deutlich messbaren Unterschieden beim Flüssigkeitsverlust während des Aufstiegs. Dieser wurde anhand des Körpergewichtes vor und nach dem Aufstieg gemessen. Obwohl die Einsatzjacke – wenn möglich – geöffnet getragen wurde, kam es bei den meisten Teilnehmern zu einer messbaren Erhöhung der Körpertemperatur, beim ersten Stoßtrupp im Schnitt um 0,6 °C. Dies belegt, dass bei erhöhter körperlicher Belastung die Körpertemperatur ansteigt. Bei beiden Stoßtrupps konnte wie erwartet eine deutliche Erhöhung der Herzfrequenz festgestellt werden. Bei einem fast gleichen Pulswert im Erdgeschoss (beim ersten Stoßtrupp im Schnitt 67 Pulsschläge in der Minute und beim zweiten Stoßtrupp im Schnitt 72 Pulsschläge in der Minute) war ein deutlicher Unterschied zwischen den beiden Trupps im 23. Obergeschoss feststellbar: Beide Stoßtrupps kompensierten bei weitgehend gleichen Blutdruckwerten ihre höheren körperlichen Belastungen über eine Erhöhung der Herzfrequenz. Die bei beiden Stoßtrupps ermittelten Lungenfunktionswerte lagen bei den meisten Teilnehmern über den Normwerten.

Der Versuch zeigte somit eindeutig, dass die Belastung der Trupps durch den Aufstieg so zugenommen hat, dass eine Brandbekämpfung ohne eine ausreichende Pause nur mehr schwer durchführbar ist. Zudem kommt hinzu, dass die Persönliche

Bild 33: *Ausrüstung für den Stoßtrupp nach der neuen Form (Foto: Berufsfeuerwehr München)*

Schutzausrüstung nass geschwitzt war, was zu einer Gefährdung bei der Brandbekämpfung (Verbrühungen) führen kann. Dennoch war die Gesamtkonstitution des Trupps mit der leichteren Ausrüstung deutlich besser.

Fällt der Entschluss, dass der Aufstieg zu Fuß durchgeführt wird, kann es sinnvoll sein, dass sich die Einsatzkräfte darauf vorbereiten. Bei den Feuerwehren ist es Standard, dass sich die Einsatzkräfte bereits auf der Anfahrt ausrüsten. Bei einem Aufstieg über mehr als sieben Geschosse ist es aber sinnvoll, wenn sich die vorgehenden Kräfte vor dem Aufstieg abrüsten. Dadurch kann eine Hitzeerschöpfung vermieden und der Einsatzwert hochgehalten werden. Die Ab- und Aufrüstzeit im Depotgeschoss wird hierdurch wieder wettgemacht.

Der Truppführer hat darauf zu achten, dass die Lasten, die der Trupp mitführen muss, gleichmäßig verteilt werden (Bild 34). Die Einsatzjacke kann offen getragen werden, die Atemschutzmaske und die Flammschutzhaube werden abgesetzt, der Helm kann an einem Karabinerhaken am Pressluftatmer befestigt werden. Wenn möglich, sollten keine Lasten am langen Arm getragen werden, sondern auf den Schultern. Auch das Anhängen von schweren Gegenständen (z. B. Handlampen) an den Feuerwehrsicherheitsgurt ist ungünstig. Beim Aufstieg ist es hilfreich, sich auf dem Geländer abzustützen. Der erfahrenste Feuerwehrangehörige sollte vorausgehen und das Tempo angeben. Der Trupp muss geschlossen oben ankommen, er ist auf jedes einzelne Mitglied angewiesen. Deswegen kann ein zu hohes Tempo den Einsatzerfolg schmälern.

4.11 Kommunikation

Bild 34: *Eine wesentliche Erleichterung bringt der Verzicht auf Schlauchtragekörbe zu Gunsten in Buchten gelegter Schläuche. Diese sind wesentlich leichter zu transportieren. Der Münchner Stoßtrupp führt insgesamt drei Schlauchpakete mit, was einer Länge von 45 Metern entspricht. Der Schlauch wird ergonomisch über der Schulter getragen, beide Hände bleiben frei. (Foto: Berufsfeuerwehr München)*

Merke:
Ein Aufstieg über die Treppe zehrt an den Kräften. Wenn immer möglich, sollte deshalb der Feuerwehraufzug – falls vorhanden – verwendet werden. Mit dem Aufstieg zu Fuß verzögern sich die Eingreifzeiten noch zusätzlich.

4.11 Kommunikation

Die Kommunikation in Hochhäusern gestaltet sich oftmals schwierig. Aufgrund der Gebäudehöhe geht der Funkkontakt über die mitgeführten Handsprechfunkgeräte zu den im Erdgeschoss oder außerhalb des Gebäudes zurückgebliebenen Kräften oft verloren. Um diesen Mangel zu beseitigen, können Gebäudefunkanlagen errichtet werden.

4 Gefahren bei der Hochhausbrandbekämpfung

Kommunikation ist mehr als nur das Benutzen von Funkgeräten. Kommunikation bedeutet, Handlungen zu synchronisieren und Verantwortlichkeiten zu teilen. Sie sorgt dafür, dass alle informiert sind und erreicht dadurch eine Koordination aller Handlungen für ein gemeinsames Ziel. Zusätzlich erlaubt sie die Sammlung und Verteilung vieler Informationen über ungewöhnliche und riskante Situationen. Wenn Kommunikation nicht angewendet werden kann oder nicht beherrscht wird, führt dies oft zu Unfällen (siehe Einsatzbeispiel *Windsor Tower* in Madrid, erstes Löschfahrzeug) (Grimwood, 2008). Mit einer weit auseinander gezogenen Einsatzstelle wird zunehmend auch die Kommunikation schwieriger, selbst wenn der Funkverkehr funktioniert. Oft entstehen Irrtümer darüber, in welchem Geschoss es tatsächlich brennt. Von außen kann häufig noch nichts wahrgenommen werden und die ersten Erkundungsergebnisse sind oftmals Vermutungen.

Merke:
Der Einsatzleiter ist auf genaue Rückmeldungen seiner eingesetzten Kräfte angewiesen. Er kann die Lage in der Regel nicht einsehen.

Welche Auswirkungen mangelnde Kommunikation haben kann, wird im folgenden Einsatzbeispiel geschildert.

4.11.1 Einsatzbeispiel Cook County Administration Building, Chicago

Am 17. Oktober 2003 kamen bei einem Brand im *Cook County Administration Building* sechs Menschen ums Leben, mehrere Personen zogen sich teils schwere Verletzungen zu (Grimwood, 2005; Groves, 2003).

Etwa gegen 17 Uhr brach ein Feuer in einer Abstellkammer aus, welche zu einem 243 m² großen, in offener Bauweise errichteten Büro gehörte. Das Büro lag im 12. Obergeschoss des 37-geschossigen Bürohochhauses. Als der Sicherheitsdienst im Brandgeschoss eintraf, fand er ein sich rapide entwickelndes Feuer vor. Der Sicherheitsbeauftragte entschloss sich sofort für eine komplette Räumung des Gebäudes, was insofern auch sinnvoll erschien, da sich viele Angestellte, die in dem Gebäude arbeiteten, bereits auf den Heimweg machten. Der Sicherheitsdienst lotste die Personen über die beiden Treppenräume im Nordwesten und Südosten des Gebäudes nach unten und von dort ins Freie. Beide Treppenräume verfügten über je

4.11 Kommunikation

eine Steigleitung, der südöstliche Treppenraum war zudem als Sicherheitstreppenraum ausgebaut.

Als die Feuerwehr Chicago an der Einsatzstelle eintraf, trat schwarzer Rauch aus dem Gebäude aus. Der Einsatzleiter entschloss sich daraufhin, sofort zum Brandgeschoss vorzudringen. Die vorgehenden Kräfte benutzten hierfür den Aufzug und dann das südöstliche Treppenhaus. Somit wurde dieses Treppenhaus zum »Angriffstreppenhaus«. Die Trupps hatten zu Beginn Schwierigkeiten, in das Brandgeschoss vorzudringen, da es sich um Fluchttüren aus den Geschossen in den Treppenraum handelte, die aber aus Sicherheitsgründen (!) in anderer Richtung versperrt waren. Es gelang jedoch, die Türen unterhalb des Brandgeschosses aufzukeilen, um so an die Abgänge der Steigleitung zu kommen. Hierbei wurde allerdings versäumt, vorher den Treppenraum nach Personen abzusuchen, obwohl der Standard für die Hochhausbrandbekämpfung der Feuerwehr Chicago vorsieht, dass der Treppenraum auf Personen hin abgesucht werden muss, bevor er als Angriffsweg verwendet wird. Als die Trupps sicher waren, dass sie genug Druck auf dem Strahlrohr hatten, öffneten sie um 17.16 Uhr die Türen zum Brandgeschoss. Den Feuerwehrleuten fiel bevor sie in das Brandgeschoss eindrangen auf, dass dicker schwarzer Rauch unterhalb der Türschlitze zum Treppenraum hervorquoll. Nachdem sie die Türen geöffnet hatten, war es ihnen kaum möglich, auch nur wenige Meter in das Brandgeschoss vorzudringen.

Im weiteren Verlauf kam es beinahe zum Verlust eines Trupps, als dieser versuchte, in das Geschoss unmittelbar oberhalb des zwölften Obergeschosses einzudringen. Schlagartig fand sich der Trupp umgeben von dickem, schwarzen Rauch und einer enormen Wärmeentwicklung. Um 17.18 Uhr liefen mehrere Notrufe bei der Leitstelle ein, in welchen Personen berichteten, dass sie sich oberhalb des Brandgeschosses im Treppenraum plötzlich im Rauch befänden und kaum mehr atmen könnten. Die Leitstelle gab die Information um 17.19 Uhr an die Einsatzleitung vor Ort weiter, die sofort versuchte, die Einsatzkräfte im südöstlichen Treppenraum zu erreichen, um sie darüber zu informieren, dass sich Personen im südöstlichen Treppenraum oberhalb des Brandgeschosses befinden. Nach ungefähr acht Minuten kamen plötzlich keine Anrufe mehr. Aufgrund des überlasteten Funkverkehrs war es nicht möglich, eine Rückmeldung der Einsatzkräfte im südöstlichen Treppenraum zu erhalten. Somit war nicht sicher, ob die durchaus kritische Meldung beim Empfänger angekommen ist. Auch das hat dem Standard der Feuerwehr Chicago widersprochen, der eine eindeutige Quittierung aller sicherheitsrelevanten und einsatzentscheidenden Funksprüche verlangt.

Zwischenzeitlich wurde der Löschangriff über beide Treppenräume vorgetragen. Um 17.51 Uhr wurden die Trupps aus dem 12. Obergeschoss zurückgezogen, um das

Feuer von außen zu bekämpfen und somit ein Überspringen in das darüberliegende Geschoss zu vermeiden. Man war gerade noch in der Lage, das 12. Obergeschoss mit Wenderohren zu erreichen. Um 18.06 Uhr wurde der Innenangriff über beide Treppenräume wieder aufgenommen, bei den Wenderohren wurde »Wasser halt« gegeben. Gegen 18.40 Uhr war das Feuer im zwölften Obergeschoss endlich unter Kontrolle. Um 18.50 Uhr, 90 Minuten nachdem die Tür zum Brandgeschoss aufgekeilt worden war, wurden mehrere leblose Körper zwischen dem 16. und 22. Obergeschoss im südöstlichen Treppenraum aufgefunden.

Folgen für das eigene Handeln:
- Die Maßnahmen müssen zwischen den eingesetzten Kräften, den Einsatzabschnittsleitern und der Einsatzleitung fortlaufend und konsequent abgestimmt werden.
- Von Standards, die der Sicherheit der eigenen Kräfte oder der Sicherheit von Dritten dienen, darf nur in begründeten Notfällen abgewichen werden.
- Treppenräume sollten zumindest drei Geschosse weiter nach oben hin abgesucht werden, bevor eine Tür zum Brandgeschoss aufgekeilt wird. Es dürfen sich keine Personen mehr im gefährdeten Bereich aufhalten.

5 Taktik bei der Hochhausbrandbekämpfung

5.1 Allgemeines

Die Einsatzmaßnahmen bei der Hochhausbrandbekämpfung müssen aufeinander abgestimmt sein und in der richtigen Reihenfolge durchgeführt werden. Der Einsatzerfolg soll durch Arbeitsteilung erreicht werden, mittels Kommunikation haben alle Einsatzkräfte dasselbe Bild der Lage. Das klingt zunächst leichter als es ist. Zum einen baut sich eine Einsatzstelle erst über einen gewissen Zeitraum auf, zum anderen stellen Hochhausbrände komplexe und zumindest zu Beginn schwer durchschaubare Einsatzstellen mit großen Friktionen dar. Der Schlüssel zum Erfolg liegt einerseits in der Auftragstaktik und zum anderen in den gelebten und angewendeten Standards.

Auch wenn die Befehlstaktik in den Führungsebenen bedauerlicherweise zunehmend die Oberhand gewinnt, sollte nicht vergessen werden, dass die Feuerwehr-Dienstvorschrift (FwDV) 100 die Auftragstaktik als die Form der Führung ansieht, die ein Zusammenspiel der Kräfte bei komplexeren Lagen als vorteilhaft definiert. Die Auftragstaktik, also das Führen mit Auftrag, gewährt den nachgeordneten Führern Handlungsfreiheit bei der Durchführung. Der Grad der Handlungsfreiheit richtet sich dabei nach der Art der zu erfüllenden Aufträge. Führen mit Auftrag beruht auf gegenseitigem Vertrauen. Es verlangt von jedem Feuerwehrangehörigen neben gewissenhafter Pflichterfüllung und dem Willen, befohlene Ziele zu erreichen, die Bereitschaft zur Übernahme von Verantwortung, zur Zusammenarbeit und zu selbstständigem, schöpferischem Handeln im Rahmen des Auftrags (HDV 100). Führen mit Auftrag setzt die Bereitschaft der bzw. des Vorgesetzten voraus, das Auftreten von Fehlern in der Durchführung hinzunehmen, soweit diese nicht ein gewisses Maß überschreiten.

Um ein Führen mit Auftrag zu gewährleisten, muss der Führer seine Absicht unterrichten. Das eigene Ziel muss unmissverständlich zum Ausdruck kommen. Es muss mit den verfügbaren Kräften und Mitteln erreicht werden können. Erst wenn dies möglich ist, haben die nachgeordneten Stellen die Möglichkeit, frei und in eigener Verantwortung zu handeln. Schnelles, entschlossenes Handeln mit Auftrag dient der Stärkung der Eigenverantwortung. So können die nachgeordneten Führer im Sinne des Ganzen selbstständig handeln, auf Entwicklungen der Lage unverzüglich reagieren und die Gunst des Augenblicks nutzen (HDV 100). Einzelheiten zur Durchführung befiehlt der Einsatzleiter nur, wenn Handlungen und Wirkungen, die dem gleichen Ziel dienen, miteinander in Einklang zu bringen sind oder durch Dritte Grenzen im Handeln gesetzt werden.

5 Taktik bei der Hochhausbrandbekämpfung

Hier spielen Standards eine wesentliche Rolle. Standard-Einsatz-Regeln (SER) beschreiben die Verantwortung jeder einzelnen Funktion und ihr Wirken auf das Erreichen des Gesamtziels. Somit kennt jeder seine Verantwortung und weiß auch wenn der Führungsdienst noch nicht an der Einsatzstelle eingetroffen ist, wie er im Sinne des Ganzen handeln muss. Einfaches Handeln, folgerichtig durchgeführt, wird am sichersten zum Ziel führen. Das Einfache jedoch zu erkennen und selbst den einfachsten Operationsplan auszuführen, ist schwierig, besonders wenn die Lage noch nicht restlos zu durchschauen ist oder sich weiterentwickelt – mit allen Konsequenzen für den Führer.

Kräfte, Zeit, Raum und Information mit dem in der Standard-Einsatz-Regel gesteckten und im Einsatz überprüften Ziel in Einklang zu bringen und dabei denjenigen Weg zu wählen, der im Bereich des Möglichen den größten Erfolg verspricht, stellt eine große Herausforderung für den Einsatzleiter dar. Führung heißt aber auch Willen zum Erfolg, der vom ständigen Streben nach Handlungsfreiheit und vom Ringen um die Initiative bestimmt wird. Das Gewinnen der Initiative kann aber auch die Bereitschaft zum Risiko bedeuten, zunächst kann der Erfolg eigenen Handelns ungewiss sein. Jede Maßnahme, die geplant und noch vor dem Eintreten des Ereignisses vorbereitet wurde, vergrößert die eigene Handlungsfreiheit und Beweglichkeit. Werden also Ausbildung, Führungsphilosophie, angewendete Standards und Technik in Einklang gebracht, können im Einsatz auch schwierigste Situationen gemeistert werden. Das folgende Beispiel soll einen Einstieg in die taktische Diskussion bieten, aber auch zeigen, was für ein Einsatzerfolg sich erringen lässt, wenn man die oben genannten Punkte beachtet.

5.1.1 Einsatzbeispiel First Interstate Bank Building, Los Angeles

Am 4. Mai 1988 wurde die Feuerwehr Los Angeles zum spektakulärsten und schwierigsten Hochhausbrand ihrer Geschichte alarmiert (Routly, 1988). Das Feuer im *First Interstate Bank Building* (heute Aon Center) zerstörte vier Geschosse und beschädigte ein weiteres Geschoss schwer. Insgesamt waren 383 Feuerwehrleute mit 64 Fahrzeugen im Einsatz.

Das Gebäude
Das Hochhaus der *First Interstate Bank* ist das höchste Gebäude in Los Angeles. Es liegt im Innenstadtbereich (Bild 35) und wurde 1973 errichtet, ein Jahr bevor eine neue Richtlinie zum flächendeckenden Einbau von Sprinklern eingeführt wurde.

5.1 Allgemeines

Somit waren ursprünglich nur die Tiefgarage und der unterirdische Fußgängertunnel gesprinklert. Das 62-geschossige Gebäude ist 37 Meter breit und 55 Meter lang, die Büroflächen wurden um einen zentralen Kern errichtet. Das Hochhaus wird hauptsächlich als Konzernzentrale der First Interstate Bank genutzt, einzelne Geschosse sind an diverse Mieter vermietet. Insgesamt arbeiten 4000 Personen in dem Gebäude, auf dessen Dach sich auch ein Hubschrauberlandeplatz befindet.

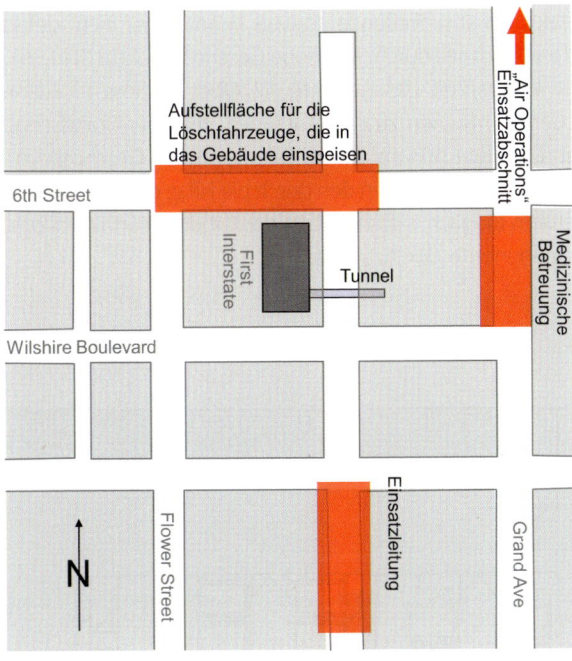

Bild 35: *Lageplan (Grafik: Grünwald/von Kaufmann)*

Das Hochhaus verfügt über vier Haupttreppenräume. Jeder dieser Treppenräume besitzt eine Steigleitung mit Abgängen in jedem Geschoss. Das Gebäude ist eine Stahl-Skelettkonstruktion mit Decken aus Stahlbeton. Die Feuerwiderstandsfähigkeit der tragenden Teile wurde mit einem Brandschutzputz erhöht. Die Fassade ist eine aus Aluminium und Glas errichtete Vorhangfassade. Zum Zeitpunkt des Brandausbruchs wurde gerade eine flächendeckende Sprinkleranlage nachgerüstet, die schon zu etwa 90 Prozent fertig gestellt war. Die Leitungen und Sprinklerköpfe waren in den Brandgeschossen bereits installiert und an die Steigleitung angeschlossen. Warum auch immer – es wurde die Entscheidung getroffen, dass die Anlage erst nach der kompletten Fertigstellung in Betrieb genommen werden sollte. Somit waren die Ventile, welche die Sprinklergruppen ganzer Geschosse kontrollierten, geschlossen.

Der Brand

Das Feuer war in einem Großraumbüro im südwestlich gelegenen Teil des Gebäudes ausgebrochen. In dem Bereich befanden sich viele Schreibtische mit entsprechender Büroausstattung und Computerterminals. Man vermutete als Brandursache einen elektrischen Defekt, ein abschließender Beweis konnte aber nicht geführt werden. Das Feuer konnte sich schnell durch die offene Geschossstruktur (Bild 36) ausbreiten, sodass in relativ kurzer Zeit das gesamte 12. Obergeschoss in Flammen stand, ausgenommen den Vorräumen zu den Aufzügen, die über Brandschutztüren verfügten. Der Brand breitete sich auf die darüberliegenden Geschosse in erster Linie über die Fassade aus (Bild 37). Neben den durch die Hitze geplatzten Fenstern war es dem Feuer außerdem möglich, sich zwischen der Rohdecke und der Vorhangfassade auf der Gebäudeinnenseite durchzufressen.

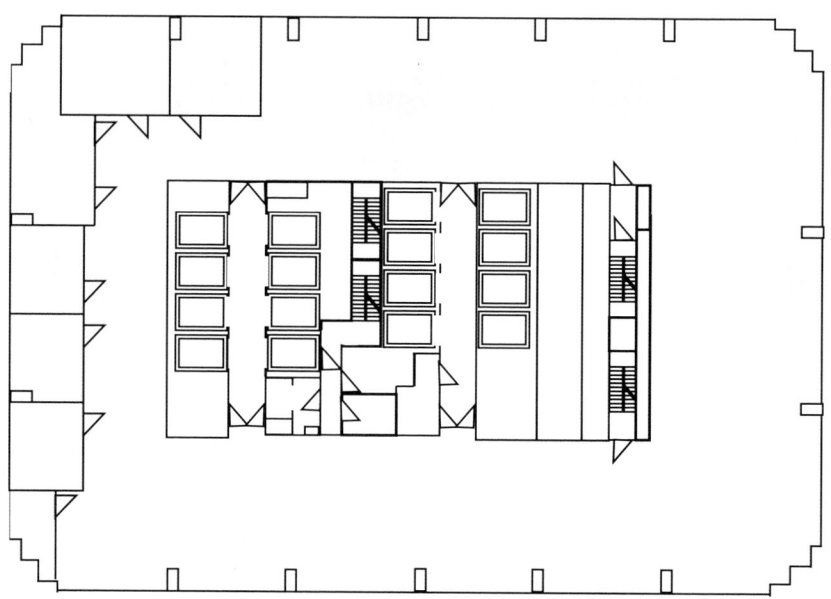

Bild 36: *Etagengrundriss eines Regelgeschosses (Grafik: Grünwald/von Kaufmann)*

5.1 Allgemeines

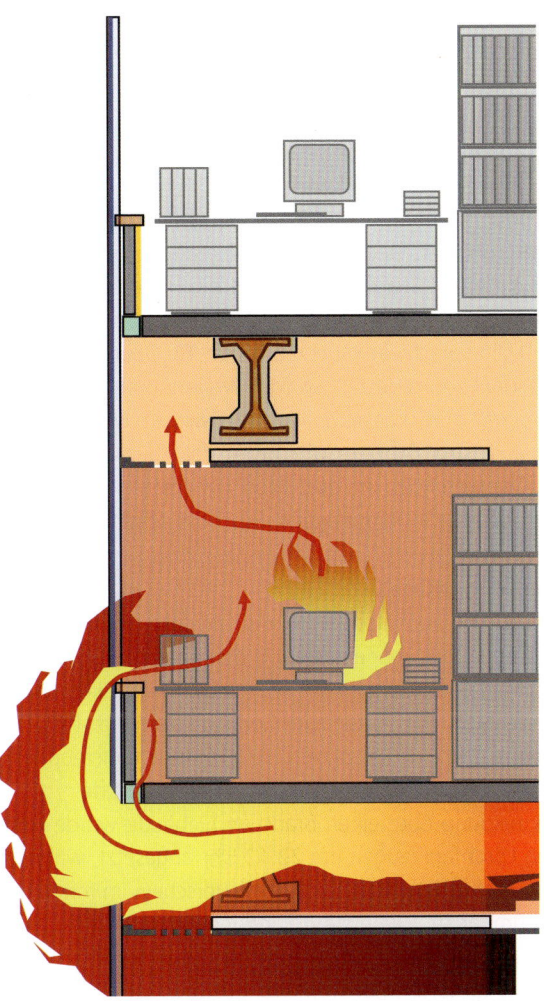

Bild 37: *Das Feuer konnte sich im Wesentlichen über die Fassade ausbreiten. (Grafik: Grünwald/von Kaufmann)*

Bei der Ausbreitung des Brandes über die Fassade gab es bis zu neun Meter hohe Flammensäulen. Die Vorhangfassade in den betroffenen Geschossen wurde fast völlig zerstört. Es gab keine Kragplatten, die einen Flammenüberschlag verhindern konnten. Auch die Brüstung der Fenster war aufgrund der Fassadenkonstruktion wirkungslos. Eine untergeordnete Ausbreitung des Brandes gab es zudem durch Versorgungsschächte oder Durchbrüche von Telefon- oder Medienleitungen.

Zusätzlich brach ein kleineres Feuer in einem Lagerraum im 27. Obergeschoss aus, welches aufgrund von Sauerstoffmangel aber von selbst erloschen ist. Das Feuer benötigte etwa 45 Minuten, um auf das jeweils nächste Geschoss überzuspringen. Die Vollbrandphase in jedem Geschoss betrug durchschnittlich 90 Minuten. Die Brandausbreitung konnte letztendlich im 16. Obergeschoss gestoppt werden, nachdem vier Geschosse völlig zerstört wurden.

Um 22 Uhr wurden in der Brandnacht die Pumpen für die Feuerlöscheinrichtungen durch den Unternehmer, welcher die Sprinkleranlage errichtete, abgeschaltet. Anschließend hat dieser die Steigleitung bis auf die Höhe des 58. Obergeschosses entwässert, um die neue Sprinkleranlage an die Wasserversorgung anschließen zu können. Um 22.30 Uhr sprach ein Rauchmelder im 12. Obergeschoss an, der durch das Sicherheitspersonal zurückgestellt wurde. Weitere drei Rauchmelder sprachen an – auch diese wurden zurückgestellt. Nachdem weitere Melder vom 12. bis zum 30. Obergeschoss auslösten, fuhr ein Mitarbeiter der Haustechnik mit dem Lastenaufzug in das 12. Obergeschoss, um dort nach dem Rechten zu sehen. Er starb, als sich die Türen des Aufzugs im brennenden Geschoss öffneten.

Phase I (Stabilisierungsphase)
Um 22.27 Uhr gingen mehrere Notrufe bei der Leitstelle ein, in welchen Passanten von außerhalb des Gebäudes über ein Feuer in den oberen Geschossen berichteten. Um 22.28 Uhr wurden entsprechend der Alarm- und Ausrückeordnung (AAO) der Feuerwehr Los Angeles erste Einheiten zum Gebäude alarmiert: Task-Force 9 und 10 (zwei Löschfahrzeuge und eine Leiter), ein weiteres Löschfahrzeug, ein Rüstwagen sowie ein Bataillon-Chief, insgesamt ungefähr 30 Einsatzkräfte.

Die erste Rückmeldung über einen Brand im Gebäude wurde von den beiden ersteingetroffenen Löschfahrzeugen um 22.42 Uhr abgesetzt, während der Bataillon-Chief auf der Anfahrt berichtete, dass ein Feuerschein im mittleren Bereich des Gebäudes wahrnehmbar sei. Die erste Erkundung des Bataillon-Chief ergab, dass bereits die ganze Ostseite des 12. Obergeschosses und vier Fünftel der Südseite in Flammen standen. Er forderte sofort fünf weitere Task-Forces, fünf weitere Löschfahrzeuge sowie fünf Bataillon-Chiefs nach. Dazu kamen zwei Hubschrauber der Feuerwehr. Insgesamt wurden somit innerhalb von fünf Minuten rund 200 Einsatzkräfte in Bewegung gesetzt. Die Einsatzstelle wurde so aufgebaut, dass eine Brandbekämpfung durchgeführt werden konnte, die durch eine leistungsfähige Logistik unterstützt wurde. Zudem wurden außerhalb des Gebäudes Kräfte für weitere Maßnahmen vorgehalten.

Die Standards der Feuerwehr Los Angeles verbieten die Nutzung der Aufzüge, sodass das Personal über den gesamten Einsatz hinweg zu Fuß aufsteigen musste. Die

5.1 Allgemeines

ersten Kräfte stellten fest, dass alle Treppenräume auf Höhe des Brandgeschosses um die Zugangstüren herum verraucht waren. Der erste Innenangriff begann um etwa 23.10 Uhr. Aufgrund des Vollbrandes im 12. Obergeschoss wurde der Löschangriff gleichzeitig von allen Treppenräumen aus vorgetragen. Die vorgehenden Trupps hatten große Schwierigkeiten, in das Innere der Etage vorzudringen. Mit dem Öffnen der Türen zum Brandgeschoss zogen Rauch und Feuer sofort den Treppenraum nach oben. Die ersten eingetroffenen sechs Einheiten wurden unverzüglich für die Brandbekämpfung nach oben geschickt. Zu Beginn der Löscharbeiten war der Druck auf den Angriffsleitungen allerdings nicht ausreichend. Der Zustand konnte erst verbessert werden, nachdem die Pumpen für die Feuerlöscheinrichtungen wieder in Betrieb genommen wurden.

Bei Brandausbruch befanden sich etwa fünfzig Personen oberhalb des 12. Obergeschosses. Bei den Personen handelte es sich um Service- und Reinigungspersonal sowie die Bautrupps, welche die Sprinkleranlage installierten. Ebenso waren noch Bankangestellte im Gebäude, die zu dieser späten Stunde noch arbeiteten. Die Personen wurden erst auf das Feuer aufmerksam, als Brandrauch zu ihnen ins Büro vordrang. Einige Personen retteten sich auf das Dach des Gebäudes, von wo sie durch einen Hubschrauber gerettet wurden. Andere benutzten den Aufzug, um in das Erdgeschoss zu kommen – teilweise mit Erfolg. Eine Gruppe fand sich im 12. Obergeschoss wieder, wo sie unter extremen Bedingungen vom Aufzug zum Treppenraum kriechen musste. Die meisten Personen verließen ihre Büros aber über die Treppenräume und wurden von Feuerwehrleuten aufgenommen, die über diese aufstiegen. Die Feuerwehr konnte anhand der Zugangslisten des Sicherheitsdienstes auf alle geretteten Personen zurück schließen.

Phase II (Aufwuchsphase)
Mit dem Beginn der Brandbekämpfungsmaßnahmen wurden im 10. Obergeschoss ein Depotgeschoss und in der Lobby ein Meldekopf eingerichtet. Die Einsatzleitung wurde durch den ersteingetroffenen Bataillon-Chief in Betrieb genommen. Der nachrückende Gesamteinsatzleiter benutzte diesen Standort über die gesamte Einsatzdauer. Der »taktische« Einsatzleiter stieg zum 10. Obergeschoss auf, um dort die Maßnahmen der vier Teams in den Treppenräumen aufeinander abzustimmen.

In der Anfangsphase lag die Verantwortung für den Einsatz auf den Schultern der Bataillon-Chiefs und Captains, mit dem Aufwachsen der Einsatzstelle wurden diese durch Vorgesetzte herausgelöst. Meist blieb der Bataillon-Chief vor Ort, um die Vorgesetzten bei ihrer Führungsaufgabe zu unterstützen.

Eine medizinische Versorgungskomponente wurde von der Feuerwehr einen Häuserblock östlich des Gebäudes eingerichtet. Dafür wurden zehn Rettungswagen der Feuerwehr, 17 private Rettungswagen und zwei Notfallteams der Krankenhäuser alarmiert. 34 Personen aus dem Gebäude sowie 14 Feuerwehrleute wurden dort versorgt. In erster Linie waren die Symptome Rauchgasintoxikation und Erschöpfung. Einige Personen aus dem Gebäude hatten eine starke Rauchgasintoxikation erlitten und mussten in ein Krankenhaus gebracht werden.

Phase III (Offensive)
Sowohl den im Inneren des Gebäudes eingesetzten Kräften als auch dem Personal außerhalb des Gebäudes wurde klar, dass sich das Feuer sehr schnell über die Fassade nach oben ausbreitete. Deshalb wurde ein gleichzeitiger Löschangriff von allen vier Treppenräumen in das 13., 14., 15. und 16. Obergeschoss vorangetrieben. Mit dem Öffnen zusätzlicher Türen bzw. dem Vornehmen weiterer Schlauchleitungen stieg die Wärmeentwicklung und Verrauchung in den Treppenräumen an und der Wasserdruck in den Steigleitungen nahm ab. Die Crews schafften es dennoch, das Feuer von den Treppenraumkernen weg an die Außenseite des Gebäudes zu drücken. Der taktische Einsatzleiter stand dabei in engem Kontakt mit den Führern in den einzelnen Treppenräumen, um Absprachen bezüglich des Vorgehens zu treffen oder das eingesetzte Personal auszutauschen. Einige Einheiten wurden an drei oder vier verschiedenen »Einsatzstellen« eingesetzt, unterbrochen nur durch kurze Pausen, in denen sie in den Depotgeschossen ihre Atemluftflaschen wechselten.

Für die Kommunikation setzte der taktische Einsatzleiter in den meisten Fällen Melder ein, da der Funkverkehr überbelegt war und es aufgrund der Stahlkonstruktion des Gebäudes zu Störungen kam.

Um mit der Gesamteinsatzleitung in Verbindung zu bleiben, postierte sich der taktische Einsatzleiter so im 10. Obergeschoss, dass er zur Einsatzleitung Blickkontakt hatte. Somit war es ihm auch möglich, ohne Relais in Funkverbindung zu bleiben. Der Gebrauch eines Telefons war nur solange möglich, bis Löschwasser den Telefonverteiler zerstört hatte. Das Verlegen eines Befehlstelefons, um mit der Einsatzleitung in der Lobby in Verbindung zu bleiben, hat sich als nicht effektiv herausgestellt. Um die Ausbreitungsintensität und -geschwindigkeit des Feuers nach oben zu verlangsamen und es letztendlich zu stoppen, wurden die Löschangriffe in das 14. und 15. Obergeschoss mit großer Wucht vorangetrieben und im 16. Obergeschoss bereits eine Wasserversorgung aufgebaut und Mannschaften bereitgestellt, bevor das Feuer in das Geschoss übergesprungen war. Die Strategie war schließlich erfolgreich, sie erforderte aber einen sehr hohen Kräfteansatz.

Aufgrund der heftigen Rauchentwicklung war es unmöglich, vier vermisste Personen über die Treppenräume zu retten. Es gelang den Feuerwehrleuten, welche die Hubschrauber besetzten, die Person aus dem 50. Obergeschoss in Sicherheit zu

5.1 Allgemeines

bringen. Drei Personen im 37. Obergeschoss wurden allerdings erst nach der erfolgreichen Brandbekämpfung um zirka 2.30 Uhr in Sicherheit gebracht.

Logistik

Der logistische Aufwand war enorm. Im 10. Obergeschoss wurde für den Nachschub und als Bereitstellungs- bzw. Rückzugsraum ein Depotgeschoss eingerichtet. Die einzelnen Trupps zogen sich dorthin zurück, tauschten die Flaschen für den Pressluftatmer und standen dann für den nächsten Auftrag zur Verfügung. Im Durchschnitt lag die Einsatzzeit eines Trupps bei zirka 20 Minuten, 20 Minuten standen anschließend für die Wiederherstellung der Einsatzbereitschaft und eine kurze Pause zur Verfügung. Ohne Nutzung der Aufzüge musste jeder einzelne Ausrüstungsgegenstand von Hand zehn Stockwerke nach oben getragen werden. Jeder Feuerwehrangehörige, der das Gebäude betrat, nahm Schlauchmaterial und andere Ausrüstungsgegenstände mit. Neun Trupps waren ausschließlich damit beschäftigt, über zwei Stunden Material für die Brandbekämpfung von der Straße durch den Fußgängertunnel über die Tiefgarage und das Treppenhaus in das 10. Obergeschoss zu bringen.

Hubschraubereinsatz

Die Feuerwehr Los Angeles alarmierte insgesamt vier Hubschrauber. Die ersten beiden Hubschrauber wurden bereits alarmiert, als der ersteintreffende Bataillon-Chief einen ausgedehnten Hochhausbrand meldete. Einer der Hubschrauber nahm eine »Airborne Engine Company« auf, eine Besatzung, die speziell für Hubschraubereinsätze geschult ist. Eine weitere »Airborne Engine Company« wurde nach kurzer Zeit nachgefordert, beide waren innerhalb der ersten dreißig Minuten am Einsatzort.

Eine Koordinierungsstelle für die Hubschraubereinsätze wurde durch die Einsatzleitung acht Häuserblocks entfernt auf einer offenen Fläche eingerichtet. Der Hauptauftrag der Hubschraubercrews bestand darin, in Not geratene Trupps, die sich auf das Hausdach retten, aufzunehmen und in Sicherheit zu bringen. Allerdings konnten die Hubschrauberbesatzungen wegen der starken Verrauchung und der Wärmeentwicklung nicht mehr als zwei Stockwerke tief die Treppenräume absteigen. Durch das Öffnen der Türen in die Brandgeschosse funktionierten die Treppenräume wie Kamine. Die Hubschrauber landeten mehrere Male auf dem Dach des Gebäudes, um Personal anzulanden oder abzuholen. In einer späteren Phase des Einsatzes wurden zwei Mitarbeiter der Aufzugsfirma auf dem Dach abgesetzt. Zudem umkreisten die Hubschrauber das Gebäude und berichteten über dessen äußerlichen Zustand.

Sicherheit

Ein Bataillon-Chief wurde den gesamten Einsatz über als Sicherheitsbeauftragter eingesetzt. Die Hauptgefahr bestand darin, dass die eingesetzten Trupps zu tief in das Brandgeschoss eindringen oder sich zu weit vom Depotgeschoss entfernen und ihnen die Atemluft ausgeht, bevor sie sich in einen sicheren Bereich zurückziehen können. Es wurde eine Abmachung getroffen, dass ausschließlich Atemluftflaschen für eine dreißigminütige Einsatzdauer eingesetzt werden, obwohl auch Flaschen für 60 Minuten zur Verfügung standen. Man wollte damit vermeiden, dass die Einsatzzeiten zu lange werden und die eingesetzten Kräfte ihre Leistungsfähigkeit überschreiten. Insgesamt wurden mehr als 600 Atemluftflaschen in das Depotgeschoss getragen. Da die leeren Flaschen im Depotgeschoss nicht aufgefüllt werden konnten, mussten sie zu diesem Zweck wieder hinab getragen werden. Die Trupps versuchten Atemluft zu sparen, indem sie – wenn möglich – die Lungenautomaten erst anlegten, wenn sie ihr Einsatzgeschoss erreichten. Die Kombination aus Hitze, Rauch in allen Bereichen, körperliche Belastung durch den Aufstieg und den Einsatz bei lediglich kurzen Ruhezeiten war außerordentlich belastend für die Feuerwehrleute.

Ein erhebliches Problem stellten herabfallende Glasscheiben und Fassadenteile dar. Die gesamte Fassade vom 12. bis zum 16. Obergeschoss war zerstört und fiel herab. Die abstürzenden Fassadenteile verursachten erhebliche Beschädigungen an den Löschfahrzeugen, die für die Einspeisung vor dem Gebäude standen. Zudem mussten des Öfteren zerschnittene Schlauchleitungen ausgetauscht werden. Das Glas war mit einem Kunststofflayer überzogen, der verhindern sollte, dass es im Falle eines Zerbrechens aus dem Rahmen fällt. Dadurch brachen jedoch relativ große Glasstücke aus der Fassade, die teilweise weit weg vom Gebäude am Boden aufschlugen. Zum Teil entzündete sich der Kunststofflayer und die Scheiben flogen brennend vom Gebäude weg. Die Einsatzleitung gab die Anweisung, die Scheiben für Ventilationszwecke zu zerstören, wenn immer erforderlich. Die eingesetzten Trupps berichteten, dass sie Schwierigkeiten hatten, die stabilen Glasscheiben einzuschlagen und den Kunststofflayer zu durchdringen.

Folgen für das eigene Handeln:

- Vollständige Kontrolle aller Geschosse, nicht nur zum Absuchen nach gefährdeten Personen, sondern auch um eine überraschende Brandausbreitung zu verhindern.
- So früh wie möglich muss eine leistungsfähige Logistik geschaffen werden. Der nachhaltige Einsatz der ersten Kräfte ist entscheidend vom Nachschub abhängig.

- Der parallele Löschangriff über alle Treppenräume birgt die Gefahr der Verrauchung. Somit besteht nicht mehr die Möglichkeit, Evakuierungsmaßnahmen durchzuführen. Ein Aspekt, der vom Einsatzleiter unbedingt berücksichtigt werden muss.
- Kommunikation ist entscheidend für den Einsatzerfolg. Dafür muss nicht immer auf Mittel der Feuerwehr zurückgegriffen werden. Gerade ein Bürohochhaus bietet Alternativen, die eventuell auch eingesetzt werden können.
- Ist ein Entschluss gefallen, müssen alle Maßnahmen konsequent und nachhaltig durchgeführt werden. Im Beispiel wurde die Offensive mit großem Nachdruck und entsprechendem Durchhaltevermögen durchgeführt und war erfolgreich.
- Eine große Gefahr bergen herabfallendes Glas und Fassadenteile. Alternative Anmarschwege, beispielsweise über Tiefgaragen, Sperrengeschosse oder Fußgängertunnels, können einen wesentlichen Sicherheitsfaktor für das Einsatzpersonal darstellen.
- Das Einschlagen von Scheiben mit den klassischen Ausrüstungsgegenständen (z. B. Feuerwehraxt) kann schwierig sein.

5.2 Standard-Einsatz-Regeln

Standard-Einsatz-Regeln (SER) sind Aktions- und Handlungspläne für Routinetätigkeiten. Sie legen in exakten Verantwortlichkeiten fest, wer was zu welchem Zeitpunkt zu tun hat. Standard-Einsatz-Regeln ermöglichen es, dass – zumindest theoretisch – völlig fremde Menschen miteinander arbeiten können. Dies ist vor allen Dingen dann sinnvoll, wenn beispielsweise Löschzüge von verschiedenen Wachen zusammengestellt werden müssen.

SER sind, anders als beispielsweise in der Luftfahrt, nur solange für alle Einsatzkräfte bindend, bis der jeweilige Einsatzleiter aufgrund der vorgefundenen Lage von ihnen abweichen will (Fakussa, 2006). Meist hat dies seine Ursache darin, dass sich die vorgefundene Lage nicht mit dem Standard-Einsatz-Schema in Einklang bringen lässt (beispielsweise ist der Standard-Einsatz ein Hochhausbrand, in Wirklichkeit handelt es sich aber um eine Feuermeldung aufgrund eines technischen Defekts). Das Abweichen von der jeweiligen SER ist eine der wesentlichen Führungsleistungen. Hier unterscheiden sich die bei der Feuerwehr verwendeten Standards wesentlich von denen beispielsweise der Fluggesellschaften, die durchaus als Richtlinie Gültigkeit besitzen. In der Praxis wird dies sogar in den meisten Fällen so sein. Trotzdem muss eine Abweichung im Einzelfall stets begründbar sein. Standards sind ferner ein Instrument des Qualitätsmanagements, sie dienen zur Überprüfung einer genau definierten Vorgehensweise. Deshalb ist es unabdingbar, getroffene Abweichungen von der SER – gerade auch bei größeren Einsätzen – nach zu besprechen und so die genauen Gründe der Abweichungen zu ermitteln.

Das in der Praxis oft von den SER abgewichen werden muss, liegt nicht daran, dass diese nicht alltagstauglich sind, sondern dass sie sowohl die Feuermeldung (90 Prozent der Einsätze in einem Hochhaus), die z. B. aufgrund eines geplatzten Staubsaugerbeutels des Reinigungspersonals ausgelöst wurde, als auch den Zimmer- bzw. Wohnungsbrand (9,9 Prozent der Einsätze), bis hin zum ausgedehnten Etagenbrand (0,1 Prozent der Einsätze) abdecken müssen. Bei der Fülle an Einsatzarten ist es folglich von großer Bedeutung, dass die SER bewusst leicht verständlich und für die jeweilige Einsatzart allgemein formuliert erarbeitet werden. Es ist kontraproduktiv, die SER erst ab einer gewissen Gebäudehöhe oder nicht beim Keller- oder Tiefgaragenbrand anzuwenden, ebenso wie eigene SER für Zimmer-, Wohnungs- oder Bürobrände in Hochhäusern zu entwickeln. Warum aber benötigen Feuerwehren Standards, wenn diese in den meisten Fällen nicht zum vorgefundenen Schadenereignis passen?

Das Verarbeiten aller Informationen, das Koordinieren des Einsatzgeschehens und das Kommunizieren von Aufträgen und Lagen rufen den hohen Stress beim Einsatz hervor. Hinzu kommt bei einem Hochhausbrand noch die immens hohe körperliche Belastung.

Das menschliche Gehirn kann in der Sekunde drei bis fünf visuelle Reize (Auge), drei auditive Reize (Ohr) und drei taktile Reize (Tastsinn) aufnehmen. Diese Reize werden weiterverarbeitet, indem das Gehirn versucht, sie mit schon erlebten Bildern zu vergleichen, um daraus Lösungsansätze zu entwickeln. Je schneller eine schon vorhandene »Schablone« für den aufgenommenen Reiz gefunden wird, umso schneller kann dieser verarbeitet werden und eine gezielte Handlung erfolgen. Der menschliche »Arbeitsspeicher« kann, steht er nicht unter Stress, drei Verknüpfungen in der Sekunde herstellen. Nimmt er mehr Informationen auf, so muss er diese speichern. Die gespeicherten Informationen kann er aber nur für einen Zeitraum von fünf bis sechs Sekunden behalten, danach sind sie regelrecht vergessen.

Informationen aufnehmen, verarbeiten und Lösungsstrategien daraus zu entwickeln, sind kreative Leistungen des Gehirns. Übt die Einsatzkraft auch unter Stress realitätsnahe Situationen ein und kann sie auf gut trainierte und vermittelte – für den Einsatzdienst allgemeingültige – Grundlagen zurückgreifen, so findet das Gehirn schneller Lösungsstrategien. Sie laufen dann quasi als Reflex parallel zu der Informationsverarbeitung des »Arbeitsspeichers« ab und belasten somit das Gehirn nicht mehr in dem ursprünglichen Umfang. SER sollen genau diesen Effekt verstärken. Sie tun dies durch einfache und praxisbewährte Beschreibungen der Basismaßnahmen. Dadurch kennt jeder Feuerwehrangehörige seine Verantwortung und weiß, welche Auswirkungen sein Handeln auf den Gesamterfolg des Einsatzes hat.

Merke:
Ziel der Standard-Einsatz-Regeln ist es, den Kommunikationsaufwand auf das unbedingt notwendige Mindestmaß zu reduzieren, damit die Aufgaben wahrgenommen werden können, die für den Einsatz entscheidend sind.

»… Incident Command is only as good as the SOP (Standard-Operation-Procedures) and its implementation …« (Grimwood, 2008).

5.3 Grundlagentaktik bei der Hochhausbrandbekämpfung

5.3.1 Die Stoßtrupptaktik

Der klassische Trupp bei der Feuerwehr besteht aus zwei Feuerwehrangehörigen, einem Truppführer und einem Truppmann. Teilweise wird der Trupp noch um eine Funktion verstärkt. Die Zweimanntrupps haben sich bei Standardbränden sehr bewährt. Nichtsdestotrotz setzen viele Berufsfeuerwehren bei Einsätzen in speziellen Gebäudetypen oder Bauwerken so genannte Stoßtrupps ein. Neben klassischen Tunnelanlagen können dies U-Bahn-Tunnel oder auch Hochhäuser sein. Je nach Personalstärke des Löschzugs können von diesem ein bis zwei Stoßtrupps gestellt werden, danach muss ein weiterer Löschzug alarmiert werden.

Ein Löschzug, welcher Stoßtrupps einsetzt, arbeitet in einer anderen Einsatzform als ein Löschzug, der »klassische« Trupps einsetzt. Ein Stoßtrupp ist nur ein Stoßtrupp, wenn er durch den Stoßtruppführer auch geführt wird. Parallele Maßnahmen, wie sie beim klassischen Wohnungsbrand vom Staffelführer oft angewendet werden (beispielsweise gleichzeitige Menschenrettung über tragbare Leitern und Innenangriff), sind beim Stoßtrupp nicht möglich. Der Zugführer kann den Stoßtrupp entweder für die Menschenrettung über tragbare Leitern oder für den Innenangriff einsetzen. Die Möglichkeit, Maßnahmen parallel durchzuführen, wird damit erheblich eingeschränkt. Deshalb kann die Stoßtrupptaktik nicht zur Regelform werden, sondern ist abhängig vom Einsatzzweck – und damit oft auch von der Art des Einsatzobjektes – anzuwenden. Der Stoßtrupp wird meist mit einem anderen Ziel und

5 Taktik bei der Hochhausbrandbekämpfung

Bild 38: *Stoßtrupp der Berufsfeuerwehr München (Foto: Berufsfeuerwehr München)*

Auftrag eingesetzt. Beim Einsatz eines Stoßtrupps gilt es, alle verfügbaren Kräfte auf ein Ziel zu konzentrieren. Der Stoßtrupp wird schwerpunktmäßig eingesetzt und soll die Lage soweit stabilisieren oder zu Gunsten des Gesamteinsatzes entscheiden, dass es zu keiner weiteren Eskalation mehr kommt. Dies ist dann der Fall, wenn die Feuerwehr – beispielsweise aufgrund der hohen Personenzahl – überhaupt nicht mehr die Möglichkeit hat, eine Menschenrettung durchzuführen (z. B. bei U-Bahn-höfen oder Bürohochhäusern).

Bei der Hochhausbrandbekämpfung hat sich der Stoßtrupp bewährt, nicht nur in Deutschland, sondern auch im Ausland. Ein Stoßtrupp besteht in der Regel aus dem Fahrzeugführer, einem Angriffstrupp und dem Wassertrupp (Bild 38). Im Gegensatz zum klassischen Trupp stellt der Stoßtrupp eine Einheit dar, die im weitesten Sinne selbstständig operieren kann. Er verfügt im Gegensatz zum klassischen Zwei- oder Dreimanntrupp über eine höhere Schlagkraft. So kann der Stoßtruppführer eine offensive (Angriffstrupp) und eine defensive (Wassertrupp) Komponente auf einem eng begrenzten Raum einsetzen.

Der Stoßtrupp ist in der Lage, sich bei einem Atemschutznotfall besser selbst zu helfen, als dies ein Zweimanntrupp kann. Es stehen immer vier Kräfte zur Verfügung, um ein verunglücktes Truppmitglied zu versorgen und aus der Gefahrenzone zu

5.3 Grundlagentaktik bei der Hochhausbrandbekämpfung

bringen. Gleichzeitig muss die Deckung durch das Strahlrohr nicht aufgegeben werden. Bei einem Hochhausbrand stellt dies einen entscheidenden Vorteil dar, da zumindest die ersten Einheiten oft weit entfernt von der eigentlichen Entfaltungsfläche – und somit von schnell verfügbaren Reserven und Geräten – arbeiten.

> **Merke:**
> Zweck eines Stoßtruppeinsatzes ist ein offensiver, schwerpunktmäßiger Einsatz bei gleichzeitig möglichst großer Unabhängigkeit von gewohnten Strukturen, mit dem Ziel, schnell eine nachhaltige Stabilisierung der Lage zu erreichen.

Der Stoßtrupp muss eine umfangreiche Ausrüstung mit sich führen. Dabei ist bei der Planung eines Standards darauf zu achten, dass sich diese trotzdem auf das Notwendigste beschränkt. Die Ausrüstung muss stets auf den Einsatzauftrag abgestimmt werden. Mehr Personal ermöglicht es, mehr Ausrüstung mitzuführen[14]. Auch das ist ein Vorteil des Stoßtrupps. So kann ein als Sicherheitstrupp eingesetzter Stoßtrupp ein entsprechendes Set für Atemschutznotfälle mitführen oder ein Stoßtrupp, der zum Absuchen eines Hochhauses eingesetzt wird, entsprechendes Werkzeug zum Öffnen von Türen oder ein Aufzugswerkzeugset. Das Entwickeln des Löschangriffs über eine Löschwasseranlage erlaubt den Einsatz eines Verteilers. Auch hier kann der Stoßtrupp entsprechend mehr Schlauchmaterial mit sich führen. Bei mehr Personal und optimierter Ausrüstung bleibt der Einsatz im Brandgeschoss dennoch eine große körperliche Belastung (Bild 39).

Eine wichtige Aufgabe des Stoßtrupps ist es, eine erste qualifizierte Rückmeldung an den Zugführer abzusetzen. Darin muss das Brandgeschoss bestätigt oder korrigiert und die Schadenlage sowie die eingeleiteten Maßnahmen beschrieben werden. In München legt der erste Stoßtrupp zudem das Depotgeschoss fest – auch wenn es nicht eingerichtet wird. Das Depotgeschoss ist das Geschoss, in welches der Stoßtrupp mit dem Feuerwehraufzug hochfährt.

5.3.2 Einsatz von Stoßtrupps als Sicherheitstrupps

Die Feuerwehr-Dienstvorschrift 7 »Atemschutz« verlangt für die eingesetzten Trupps unter Atemschutz mindestens einen Sicherheitstrupp. Da bei der Hochhausbrandbekämpfung oft Stoßtrupps eingesetzt werden, muss der Sicherheitstrupp auch die

---

14 Im Schnitt sollte mit 20 Sekunden pro Stockwerk gerechnet werden.

5 Taktik bei der Hochhausbrandbekämpfung

Bild 39: *Stoßtrupp bei der Vorbereitung seines Einsatzes (Foto: Berufsfeuerwehr München)*

Stärke und Ausstattung eines Stoßtrupps[15] besitzen. Um einen schnellen Einsatz zu gewährleisten, müssen die als Sicherheitstrupp eingesetzten Stoßtrupps unmittelbar dem Einsatzleiter bzw. dem Einsatzabschnittsleiter unterstellt werden. Zu Beginn wird oft nur ein Stoßtrupp zur Verfügung stehen, der diesen Auftrag wahrnehmen kann. Mit dem Aufwachsen der Einsatzstelle müssen auch entsprechende Reserven geschaffen werden. Der erste Stoßtrupp, der als Sicherheitstrupp eingesetzt wird, sollte dem Einsatzabschnittsleiter »Brandbekämpfung« unterstellt werden und im Depotgeschoss zur Verfügung stehen. Somit steht er den im Schwerpunkt eingesetzten Kräften zur Verfügung. Der zweite Stoßtrupp, der als Sicherheitstrupp eingesetzt wird, kann dann dem Einsatzabschnittsleiter »Lobby« unterstellt werden. Anzudenken ist auf jeden Fall auch noch ein dritter Stoßtrupp als Sicherheitstrupp, der – werden die Geschosse oberhalb des Brandgeschosses mit entsprechend aufwändigem Personalansatz abgesucht – dem dortigen Einsatzabschnittsleiter

---

15 Damit kommt er einem »Rapid Intervention Team« (RIT) in Auftrag und Ausstattung nahe.

5.3 Grundlagentaktik bei der Hochhausbrandbekämpfung

zur Verfügung steht. Sein Bereitstellungsraum sollte lageabhängig gewählt werden. Um einen schnellen Einsatz zu gewährleisten, müsste er in einem der Geschosse oberhalb des Brandgeschosses aufgestellt werden. Dadurch ist ihm unter Umständen aber der sichere Rückzugsweg abgeschnitten.

Der Führer eines Sicherheitstrupps sollte unmittelbaren Kontakt zu seinem Untereinsatzabschnittsleiter haben. Es ist wichtig, dass er die Gesamtlage sowie den Einsatzort und -auftrag der ihm zugewiesenen Trupps kennt. Er muss sich ein umfangreiches Bild über die Situation des eigenen Einsatzabschnitts und der benachbarten Einsatzabschnitte verschaffen und sollte den Funkverkehr mitverfolgen. Er arbeitet eng mit der Atemschutzeinsatzführung zusammen.

Der Sicherheitstrupp wird nicht für andere Aufgaben eingesetzt. Er sollte auch nicht ein bereits im Einsatz gewesener Trupp sein, sondern muss den vollen Einsatzwert besitzen. Auf die Ausrüstung, die der Sicherheitstrupp zusätzlich zu den in den Standards definierten Ausrüstungsgegenständen mit sich führt, soll hier nicht näher eingegangen werden, da diese in der Regel der eines Zwei- bzw. Dreimannsicherheitstrupps entspricht.

5.3.3 Das Depotgeschoss

Das Depotgeschoss entwickelt sich zur Ausgangsbasis für alle Aktionen im Brandgeschoss. Es liegt in der Regel mindestens zwei Geschosse unterhalb des Brandgeschosses. Der Abstand zum eigentlichen Brandgeschoss ist so richtig gewählt, da viele Beispiele eindeutig zeigen, dass es mit Dauer des Einsatzes auch dort zu einer Verrauchung kommen kann.

> **Merke:**
> Das Depotgeschoss wird bereits in einer frühen Phase des Einsatzes festgelegt und muss – wenn es die Lage erfordert – auch umgehend bestückt werden.

Die rechtzeitige und ausreichende Versorgung ist eine der wichtigsten Voraussetzungen für den Einsatzerfolg. Die Bedeutung und auch die Schwierigkeiten der Versorgung wachsen mit der Zahl der zu versorgenden Kräfte und der Entwicklung der Lage. Wegen der Vielseitigkeit, des häufig plötzlichen Anwachsens und oft raschen Wechsels der Bedürfnisse erfordert die Versorgung vorausschauende Maßnahmen sowie eine straffe und einheitliche Leitung. Die Logistik bei einem Hochhausbrand umfasst in erster Linie die Planung und Führung von Nach- und Rückschub, Rettungsdienst (Eigensicherung und Sichtung) sowie Infrastruktur (Essen, Trinken, Schlauchmaterial und Atemluftflaschen) (HDV 100). Die Logistik für das Brandgeschoss wird im Depotgeschoss abgewickelt. Wie aufwändig die Logistik werden kann, hat der Brand im *First Interstate Bank Building* in Los Angeles gezeigt, bei welchem in der kritischen Einsatzphase (Offensive) durchschnittlich alle 33 Sekunden eine Atemluftflasche benötigt wurde! Zudem sammelt sich im Depotgeschoss eine nicht unerhebliche Anzahl an Einsatzkräften (Bild 40).

Bild 40: *Stoßtrupp wartet im Depotgeschoss auf seinen Einsatz (Foto: Berufsfeuerwehr München)*

Es empfiehlt sich, über das Depotgeschoss auch die Atemschutzeinsatzführung für den Einsatzabschnitt »Brandbekämpfung« abzuwickeln. Hier ist die Wahrscheinlichkeit, dass der Funk funktioniert, in der Regel größer, vor allem aber kann der Sicherheitstrupp schneller eingesetzt werden. Greifen Trupps über verschiedene Treppenräume gleichzeitig an, lassen sich diese Maßnahmen durch eine Führungskraft im Depotgeschoss ebenfalls leichter koordinieren. Zudem sollte für die dort in Bereitschaft gehaltenen Trupps und vor allem für die Trupps, welche abgelöst wurden, eine medizinische Erstversorgung vorgehalten werden.

Kann kein Feuerwehraufzug benutzt werden, muss die Versorgung und Bestückung zu Fuß durchgeführt werden. Ein Feuerwehraufzug bietet große Vorteile. Es

5.3 Grundlagentaktik bei der Hochhausbrandbekämpfung

gibt Feuerwehren, die ihre Atemschutzlogistik auch auf solche Bereiche abgestimmt haben[16]. Das Depotgeschoss ist in der Anfangsphase das voraussichtlich vorletzte sichere Geschoss unterhalb des Brandgeschosses. Um zu vermeiden, dass sich unterhalb des Depotgeschosses ausbreitender Rauch (kalter Rauch, durch Thermik niedergedrückter Rauch) oder Feuer (Feuer in einer Zwischendecke oder im Müllabwurfschacht) zur Falle für die Kräfte im Depotgeschoss werden, müssen die Geschosse bis zum Depotgeschoss stets erkundet werden. Bis dahin muss jeder, der sich im Depotgeschoss aufhält, ein umluftunabhängiges Atemschutzgerät mitführen.

> **Merke:**
> Erst wenn alle Stockwerke bis zum Depotgeschoss kontrolliert wurden, kann der Einsatzleiter dieses auch für Personal freigeben, dass kein Atemschutzgerät mit sich führt. Teilweise wird bei großen Lagen auch ein »Rehabilitationsgeschoss« eingerichtet, in welchem sich die Einsatzkräfte ausruhen können. (Mc Grail, 2007)

5.3.4 Das Sichtungsgeschoss

Wurden Personen aus dem Brandgeschoss gerettet, werden diese zunächst in das Depotgeschoss gebracht und dort erstversorgt. Bei einer entsprechenden Anzahl an geretteten Personen kann hier auch eine Sichtung stattfinden. Muss eine Vielzahl von Personen gesichtet werden, empfiehlt es sich, ein eigenes Sichtungsgeschoss einzurichten. Dieses liegt unterhalb des Depotgeschosses. In jedem Fall ist darauf hinzuwirken, dass die Patienten aus dem Sichtungs- oder Depotgeschoss so schnell wie möglich aus dem Gebäude gebracht werden. Zumindest bis zur Kontrolle aller Geschosse unterhalb des Brandgeschosses führt jede Einsatzkraft einen Pressluftatmer mit. Den Patienten im Depot- oder Sichtungsgeschoss fehlt dieser Schutz allerdings, daher sollte hier lediglich die medizinische Erstversorgung erfolgen.

> **Merke:**
> Depot- und Sichtungsgeschosse können keine Behandlungsplätze sein.

---

16 ... Eine besondere Aufgabe hat der Abrollbehälter Atemschutz im Bereich der Hochhausbrandbekämpfung, da auf dem Fahrzeug die Atemschutzgeräte in Rollwagen verlastet sind. Der Aufbau eines Gerätedepots in oberen Etagen geht dadurch sehr viel schneller von der Hand. ... (Beschreibung des Abrollbehälters Atemschutz, Berufsfeuerwehr Frankfurt am Main, 2005)

5 Taktik bei der Hochhausbrandbekämpfung

5.4 Die vier Phasen der Hochhausbrandbekämpfung

Die Standard-Einsatz-Regel kann nur ein Hilfsmittel für die Anfangsphase sein. Ab einer entsprechenden Einsatzgröße und der Möglichkeit, durch eine erste Stabilisation der Lage Zeit für ein nachhaltiges Planen zu schaffen, sind detaillierte Vorgaben ohnehin nicht mehr sinnvoll. Das Führen über die gesamte Einsatzdauer hinweg liegt dann in der Hand des jeweiligen Einsatzleiters. Dieser muss allerdings auf den Einsatz der ersten Kräfte aufbauen. Seine Handlungsmöglichkeiten ergeben sich somit auch aus den Handlungen des ersteingetroffenen Löschzugs. Folglich bestimmt die Effektivität der Lagebewältigung am Anfang stets auch das Ende des Einsatzes mit.

Wirkung, Dauer und Erfolg der angeordneten Maßnahmen lassen sich nicht immer genau voraussagen. Der Einsatz wird stets durch Unwägbarkeiten, Friktionen und Wahrscheinlichkeiten beeinflusst. Dies gilt umso mehr, je länger der Einsatz andauert. Der Einsatzleiter muss daher stets in der Lage sein, schnell und flexibel auf neue Ereignisse und Erkenntnisse zu reagieren. Der gesunde Menschenverstand und das Gefühl der individuellen Verantwortung, welche die Entschlossenheit im Handeln bestimmen, dürfen nie ausgeblendet werden (Teßmer, 2002).

Im vorangegangenen Text wurden bereits zwei wesentliche Phasen eines Einsatzes beschrieben: der Beginn der Einsatzmaßnahmen und die Maßnahmen, mittels denen versucht wird, offensiv zu handeln, um die Schadenlage möglichst schnell in den Griff zu bekommen. Zwischen diesen beiden Phasen ist noch eine weitere Phase von Bedeutung, die es ermöglicht, genug Kräfte vorzuhalten, um eine Offensive durchführen zu können. Ferner ist die Rückführung in den Normalzustand von Bedeutung. Somit kristallisieren sich insgesamt vier Phasen heraus, die im Folgenden näher beschrieben werden sollen (siehe auch Bild 41). Dieses Vier-Phasen-Modell ist theoretisch auch auf andere Einsatzarten übertragbar. Es ist angelehnt an das *London Emergency Services Liaison Panel (LESLP),* dem gemeinsamen Einsatzplan für Großschadenlagen aller Gefahrenabwehrbehörden der City of London, in dem alle Großschadenlagen in vier Phasen aufgeteilt werden (Stadt London, 2004). Aber auch in Deutschland wird für das Erstellen von Standard-Einsatz-Regeln inzwischen das Phasenmodell angewendet (Feuerwehr Düsseldorf, 2005; Berufsfeuerwehr München, 2007). Dabei können theoretisch bei jeder Phase andere Einsatzarten (Angriff, In Sicherheit bringen, Verteidigen und Aufgeben) angewandt werden. In jeder Phase muss der Führungskreis mindestens einmal durchlaufen werden (FwDV 100).

5.4 Die vier Phasen der Hochhausbrandbekämpfung

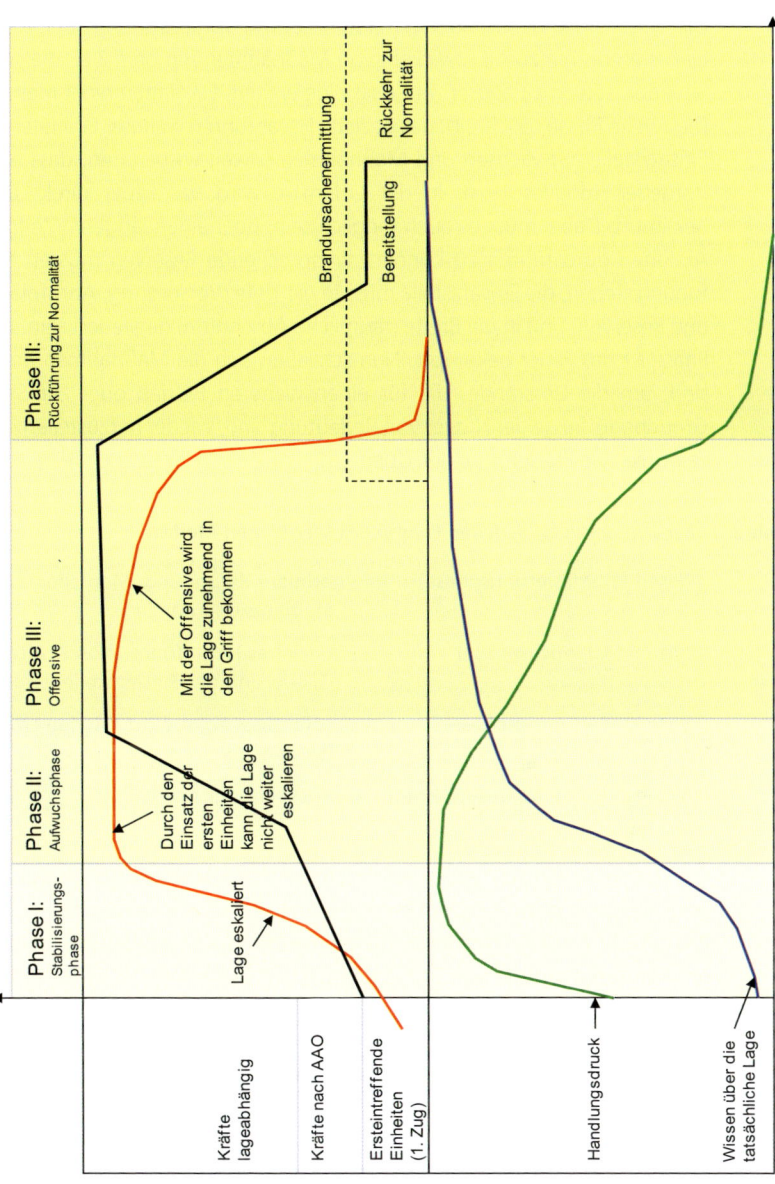

Bild 41: Das Phasenmodel: Die rote Kurve zeigt die Lageentwicklung, die schwarze Kurve den Einsatz der Kräfte, die grüne Kurve den Handlungsdruck und die blaue Kurve das Wissen über die tatsächliche Lage. (Grafik: Grünwald/von Kaufmann)

5 Taktik bei der Hochhausbrandbekämpfung

Die erste Phase beschreibt den ersten Zugriff, vom Eintreffen der erstalarmierten Einheiten bis hin zum Entwickeln von Maßnahmen mit dem Ziel, die vorgefundene Situation soweit zu begrenzen, dass eine weitere Eskalation nicht mehr möglich ist. Die zweite Phase beschreibt das gezielte Heranführen weiterer Einheiten. Sie lässt die Einsatzstelle aufwachsen und Maßnahmen soweit vorbereiten, dass ein offensives Vorgehen möglich wird. In der Offensive wird das Feuer direkt oder indirekt bekämpft. Dabei muss es auch möglich sein, über einen längeren Zeitraum hinweg Aktionen durchführen zu können. Entsprechende Reserven müssen also zur Verfügung stehen, die Einsatzstelle muss in die Tiefe (Versorgung, Abrufplätze, Führung und Reserven) und in die Breite (räumliche Abschnitte) gegliedert sein. In der vierten Phase ist das Feuer bekämpft. Nun schließen sich die Maßnahmen an, die wichtig sind, um die Umstände, die für einen weiteren Betrieb oder zur Sicherung der Grundbedürfnisse der Nutzer von Bedeutung sind, wieder herzustellen. Die Tabelle 3 zeigt die vier Phasen in einer Übersicht.

Tabelle 3: *Übersicht der verschiedenen Phasen des Vier-Phasen-Modells*

Phase I (Stabilisierungsphase)	primäre Erkundung, Menschenrettung, Stabilisierung der Lage
Phase II (Aufwuchsphase)	gezieltes Heranführen von Kräften, Gliederung der Einsatzstelle, Logistik
Phase III (Festigungsphase)	offensives Abarbeiten mit den eingetroffenen Ressourcen
Phase IV (Konsolidierungsphase)	Rückkehr zur Normalität

Die einzelnen Phasen lassen sich nicht exakt gegeneinander abgrenzen, sie verschwimmen in ihren Grenzen. Es kann also durchaus sein, dass ein einzelnes Ziel einer Phase nicht erreicht wird. Im Folgenden sollen die Charakteristik, die Maßnahmen und die Gefahren der vier Phasen dargestellt werden.

5.4.1 Phase I: Stabilisierungsphase

- **Charakteristik:** Schnelle Entwicklung der Lage (Eskalation), wenige Informationen, großer Zeitdruck und Handlungsbedarf, wenige Kräfte, die Lage ist unübersichtlich.

5.4 Die vier Phasen der Hochhausbrandbekämpfung

- **Maßnahmen:** Schwerpunkte setzen, Lage stabilisieren, erste Erfolge sichern.
- **Gefahren:** Falsches Einschätzen der Lage. Die Lage wird über- oder unterschätzt, man neigt bei Überforderung dazu, Tatsachen nicht akzeptieren zu wollen oder die Lage subjektiv falsch zu interpretieren.

5.4.2 Phase II: Aufwuchsphase

- **Charakteristik:** Die Lage entwickelt sich nur noch langsam oder konnte stabilisiert werden, erste Erfolge sind gesichert und werden weiter ausgebaut, zunehmend kann ein richtiges Lagebild gezeichnet werden, ein Einschätzen der Lage ist möglich.
- **Maßnahmen:** Gezielte Nachalarmierung weiterer Kräfte, Aufbauen von Gegenmaßnahmen, Vorbereiten der Offensive, erstes Austauschen verbrauchter Kräfte, Bündeln von Kräften und Einheiten, Bilden von Abschnitten in die Tiefe und Breite.
- **Gefahren:** Aufbau von Parallelstrukturen, frühzeitiger Beginn der Offensive ohne ausreichende Ressourcen und damit erfolgloses Vergeuden von Kräften.

5.4.3 Phase III: Offensive

- **Charakteristik:** Es stehen ausreichend Kräfte zur Verfügung, um die Schadenlage offensiv zu bekämpfen. Ein umfassendes Lagebild steht zur Verfügung. Reserven können gezielt und ausreichend gebildet werden.
- **Maßnahmen:** Maßnahmen können gezielt und mit entsprechendem zeitlichen Vorlauf geplant werden, die Führungsstrukturen sind voll aufgewachsen. Die zur Verfügung stehenden Kräfte und Einsatzmittel sind an Brennpunkten schwerpunktmäßig einzusetzen, wodurch auch ökonomische Forderungen erfüllt werden. Eine »Verzettelung« der Kräfte auf alle möglichen Problembereiche bringt einsatztaktisch nichts! Dieser Grundsatz ist insbesondere für ad-hoc-Lagen (Sofortlagen) zu beachten!
- **Gefahren:** Vorhalten von Parallelstrukturen, erschöpfte Kräfte werden nicht rechtzeitig ausgetauscht. Für eine ausreichende Versorgung der eingesetzten Kräfte und Technik wird nicht rechtzeitig gesorgt. Der Aufbau und Betrieb einer entsprechenden Infrastruktur wird versäumt.

5.4.4 Phase IV: Konsolidierungsphase (Rückführung zur Normalität)

- **Charakteristik:** Wiedererrichten verloren gegangener Infrastruktur, Aufbau einer Ersatzversorgung und Unterbringung Betroffener, psychosoziale Betreuung von Betroffenen, Angehörigen und Einsatzkräften, kriminalpolizeiliche Ermittlungstätigkeiten, Dokumentation und Auswertung.
- **Maßnahmen:** Langfristige Planungen in entsprechenden Gremien mit dem Ziel, die entstandenen Schäden zu beseitigen und ein stabiles Lebensumfeld für die Betroffenen zu schaffen. Dokumentation und Nachbereitung der Lage, Ermittlung und Fahndung.
- **Gefahren:** Das Nachbereiten und Auswerten der Lage wird vernachlässigt, eine Rückführung Betroffener in ein normales Lebensumfeld findet nicht statt.

Anhand des folgenden Praxisbeispiels sollen das Phasenmodell und die angewandten Einsatzformen verdeutlicht werden:

5.4.5 Einsatzbeispiel Windsor Tower, Madrid

Am 12. Februar 2005 wurde der *Windsor Tower* in Madrid bei einem Brand so stark beschädigt, dass er letztlich vollständig abgerissen werden musste (Bild 42) (Kieslich, von Kaufmann, 2009).

Bei dem Gebäude handelte es sich um ein Hochhaus im Finanzzentrum von Madrid. Der von 1974 bis 1978 vom Architekturbüro Alas Casariego erbaute *Windsor Tower* umfasste 21 Büroetagen, fünf Untergeschosse sowie zwei technische Etagen über dem 3. Und 16. Geschoss. Insgesamt war das Gebäude 106 Meter hoch. Der *Windsor Tower* wurde nach den damals gültigen spanischen baurechtlichen Vorschriften errichtet. Zu dieser Zeit war kein Schutz der Stahlkonstruktion gegen Feuer vorgesehen, ebenso wenig wie der Einbau einer Sprinkleranlage. (Anmerkung: In Spanien wurden Sprinkleranlagen erst von 1974 an und nur dann gefordert, wenn die vertikalen Fluchtwege eine Höhe von 100 Meter überschritten. Die Höhe des Treppenraumes im *Windsor Tower* betrug jedoch lediglich 96 Meter) (Bailey, 2006).

Das Gebäude verfügte über keine direkt bei der Feuerwehr aufgeschaltete Brandmeldeanlage. Es gab lediglich eine interne Brandmeldeanlage, die nur den hausinternen Sicherheitsdienst alarmierte. Zum Zeitpunkt des Brandausbruchs wurden umfangreiche Sanierungsarbeiten durchgeführt. Diese Maßnahmen hatten unter anderem zum Ziel, den baulichen Brandschutz zu verbessern (Bailey, 2006;

5.4 Die vier Phasen der Hochhausbrandbekämpfung

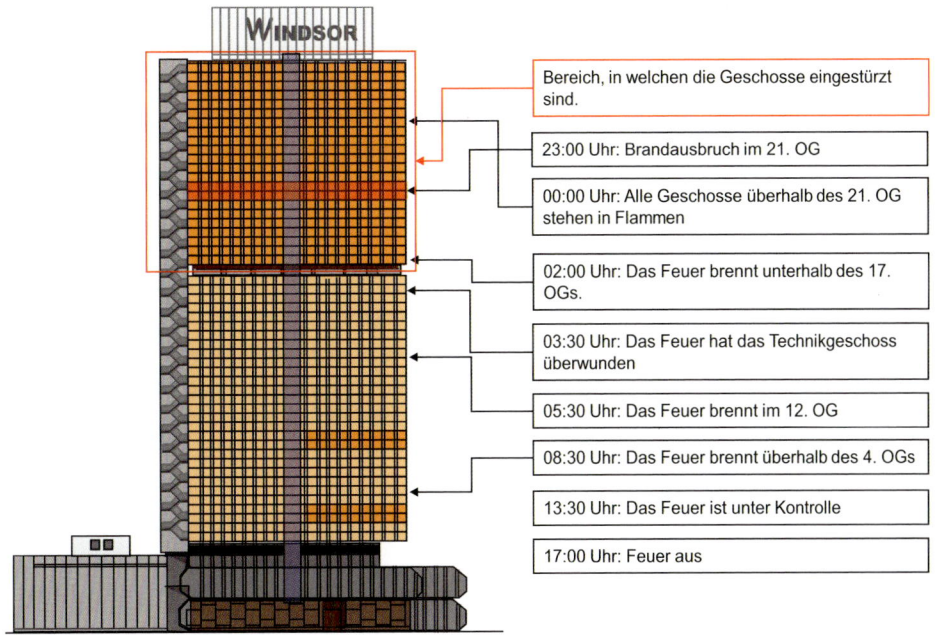

Bild 42: *Chronologie des Brandes im Windsor Tower in Madrid. Die Geschosse im roten Kasten sind im Laufe des Einsatzes eingestürzt. (Grafik: Grünwald/von Kaufmann)*

International Workshop on Emergency Response and Rescue, 2005; Dirección general de emergencias Madrid, 2006). Die Verbesserungen im baulichen Brandschutz sollten sich hierbei im Wesentlichen auf folgende Punkte beziehen:

- Verbesserung des Feuerwiderstands der Stahlkonstruktion (speziell der Stahlträger an der Außenseite des Gebäudes) durch Ummantelung,
- Verbesserung des Feuerwiderstands der Stahl- und Stahlbetonkonstruktion durch Auftragen eines Brandschutzputzes,
- Installation einer Sprinkleranlage,
- neue Fluchttreppenhäuser sowie
- Bau von zwei weiteren Geschossen.

Zum Zeitpunkt des Brandes waren 20 Geschosse des Gebäudes von einer internationalen Wirtschaftsprüfungsgesellschaft belegt, zwei Etagen waren an ein spanisches Anwaltsbüro vermietet. Der Windsor Tower bot somit Arbeitsplätze für insgesamt rund 2 000 Menschen (Brokk AB, 2006).

Die Form des Gebäudes war rechteckig, die Abmessungen betrugen vom 3. Geschoss an 40 auf 26 Meter. Die Renovierungsarbeiten wurden von unten beginnend nach oben hin durchgeführt. Zum Zeitpunkt des Brandes war der Schutz der Stahlkonstruktion bis zum 17. Obergeschoss abgeschlossen, mit Ausnahme von Teilen des 5. und 9. Obergeschosses. Es waren allerdings nicht alle Lücken zwischen Fassade und Decken verschlossen. Teilweise fehlten auch die vertikalen Brandschutzklappen und -türen.

Heiße Lage
Am 12. Februar 2005 brach im 21. Obergeschoss durch einen Defekt an einem Heizgerät ein Feuer aus. Zum Zeitpunkt des Brandausbruchs befanden sich außer dem Sicherheitsdienst keine weiteren Personen mehr im Gebäude. Um 23.05 Uhr lief ein Feueralarm über die interne Brandmeldeanlage beim Sicherheitsdienst auf. Die beiden Mitarbeiter des Sicherheitsdienstes begaben sich sofort in die 21. Etage und entdecken dort das Feuer. Erste Löschversuche mittels eines Wandhydranten blieben erfolglos, sodass erst um 23.21 Uhr – also knapp 20 Minuten später (!) – die Feuerwehr alarmiert wurde.

Phase I (Stabilisierungsphase)
Im Zeitraum zwischen 23.30 Uhr und 1.00 Uhr entwickelte sich folgender – teilweise kritischer – Einsatzablauf (Dirección general de emergencias Madrid, 2006): Die Besatzung des ersten Löschfahrzeugs (LF 11) fuhr mit dem Aufzug in das 18. Obergeschoss. Dort wollten die Einsatzkräfte bis zum vermuteten Brandgeschoss den Treppenraum benutzen. Da sie aber über keinen Einsatzplan verfügten und im Gebäude nicht ortskundig waren, konnten sie den notwendigen Treppenraum nicht finden. Sie gingen in den Aufzug zurück und fuhren notgedrungen in das gemeldete Brandgeschoss. Dort wurden die Einsatzkräfte, als sich die Aufzugstüren öffneten, sofort von schwarzem Rauch umhüllt, der an der Decke bis auf eine Höhe von etwa 1,5 Meter über dem Boden hing. Der Einsatzleiter schätzte, dass das Brandgeschoss um zirka 23.36 Uhr erreicht worden war. Zu diesem Zeitpunkt waren von der Straße aus noch keine Anzeichen eines Brandes zu erkennen.

Lage im 21. Obergeschoss
Der vorgehende Trupp wusste, dass durch den Sicherheitsdienst vom Wandhydrant (vergleichbar mit dem deutschen Typ »F«, Durchmesser 45 mm) eine Schlauchleitung in den Brandraum vorgenommen worden war. Der Trupp suchte diese Schlauchleitung und verwendete sie für die Brandbekämpfung. Diese gestaltete sich äußerst schwierig, da beinahe Nullsicht herrschte. Nun konnte man auch von der Straße aus

5.4 Die vier Phasen der Hochhausbrandbekämpfung

das Feuer wahrnehmen. Es brannte aus den Fenstern und sprang auf die beiden darüberliegenden Geschosse über (Grimwood, 2008). Zwischenzeitlich traf das LF 61 an der Einsatzstelle ein und bereitete sich auf die Unterstützung und Ablösung der Kräfte des LF 11 vor. Kurze Zeit später meldete Trupp 11, dass die Wasserversorgung über die trockene Steigleitung unzureichend war, es stand nicht genug Druck an. Außerdem wurde zusätzliches Schlauchmaterial angefordert. Der Trupp war zu diesem Zeitpunkt schon etwa 15 Minuten im Einsatz und hatte bereits mehr als die Hälfte seiner verfügbaren Atemluft aus den Atemschutzgeräten verbraucht.

Zwischenzeitlich erkundete der Zugführer das 22. Obergeschoss und musste feststellen, dass sich das Feuer bereits auf dieses Geschoss ausgebreitet hatte. Um das ganze Ausmaß zu erfassen, erkundete er auch die darüberliegenden Geschosse. Die Besatzung des LF 61 machte sich auf, den Trupp des LF 11 abzulösen. Dabei teilte sich die Fahrzeugbesatzung: Ein Teil der Besatzung erkundete das 20. Obergeschoss, ein weiterer Teil verblieb im Vorraum des 21. Obergeschosses, der dritte Teil löste den Trupp des LF 11 ab. Dieser Trupp des LF 61 übernahm das Strahlrohr des Trupps des LF 11 und sicherte sich nur mit der eigenen Führungsleine. Das Feuer entwickelte sich zwischenzeitlich rapide weiter. Während des Rückzugs des Trupps des LF 11 kam es zum Einsturz der Zwischendecke im 21. Obergeschoss. Die Trümmer fielen auf die Führungsleine, mit der sich der Trupp des LF 61 gesichert hatte, und auf die vorgenommene Schlauchleitung des LF 11. Der Einsturz führte zudem zu einer wesentlichen Verschlechterung der Sichtverhältnisse durch den in der Zwischendecke gefangenen Rauch, der nun freigesetzt wurde. Der Deckeneinsturz schnitt den Kräften des LF 11 und LF 61 den Rückzugsweg ab und brachte sie in eine akute Notlage. Der Erkundungstrupp, der den Auftrag zur Erkundung des 20. Obergeschosses hatte, kehrte zur Unterstützung der in Not geratenen Kräfte sofort in das 21. Obergeschoss zurück. Der zurückgebliebene Feuerwehrmann des LF 11 konnte sich nach geraumer Zeit allerdings selbst in Sicherheit bringen, der Feuerwehrmann des LF 61 wurde von einem seiner Kollegen gerettet.

Lage im 22. Obergeschoss

Der Trupp 21 leitete zum selben Zeitpunkt im 22. Obergeschoss die Brandbekämpfung ein. Auch hier kam es zum Einsturz von Teilen der Zwischendecke, wodurch der Angriff stark behindert und eine Orientierung nahezu unmöglich wurde. Ein Führungsdienstbeamter, der sich im 23. Obergeschoss mit dem Auftrag der Erkundung befand, meldete, dass es auch dort brennen würde. Er stieg in das 22. Obergeschoss ab und gab die Information auch an die dort eingesetzten Trupps weiter.

Zwischenzeitliche Lageentwicklung im 21. Obergeschoss

In der irrigen Annahme, dass sich die Kollegen des Truppmanns des LF 11 immer noch im Brandgeschoss befinden, löste dieser den erneuten Einsatz des LF 61 zu deren Rettung aus. Ein Besatzungsmitglied des LF 61 blieb zur Eigensicherung im Vorraum zurück. Beim Vorgehen stürzte erneut ein Teil der Decke ein, welche die Führungsleine, mit der sich der Trupp 61 abgesichert hatte, verschüttete. Der im Vorraum wartende Truppmann des LF 61 hörte die Hilferufe und versuchte, zu den verunglückten Kameraden vorzudringen. Er gelangte ab der Stelle, an der die Decke auf die Führungsleine des Trupps 61 fiel, nicht mehr weiter und wartete deshalb auf Unterstützung. Der in Not geratene Trupp konnte im Lichtschein seiner Taschenlampen die Umgebung erkennen und fand schließlich eigenständig den Weg über die Trümmer zu den dort wartenden Kollegen und weiter in den Treppenraum. Der Trupp des LF 61 sollte dann durch den Trupp des LF 91 abgelöst werden. Dieser versuchte jedoch vergeblich, die unter dem Schutt liegende Schlauchleitung wieder in Betrieb zu nehmen. Mit dem Rückzug der Besatzung des LF 91 wurde das 21. Obergeschoss letztlich aufgegeben.

Phase II (Aufwuchsphase)

Gegen 24.00 Uhr – also dreißig Minuten nach dem Eintreffen der Feuerwehr – wurde in Presseberichten gemeldet, dass alle Geschosse oberhalb des 21. Obergeschosses in Flammen stehen. Die Lage in den Brandgeschossen führte dazu, dass sich alle Kräfte in das Erdgeschoss zurückziehen mussten. Dort wurde versucht, die eingesetzten Kräfte neu zu organisieren, um einen parallelen Angriff in das 21., 22. und 23. Obergeschoss vorzutragen, mit dem Ziel, das Feuer auf die bereits betroffenen Geschosse zu begrenzen. Dieser Plan musste aufgrund der dramatischen Lageentwicklung und der Gefährdung der eigenen Kräfte jedoch wieder aufgegeben werden. Eineinhalb Stunden nach Beginn der Brandbekämpfung wurde seitens der Einsatzleitung der Entschluss getroffen, sich aus dem Gebäude komplett zurück zu ziehen und den Einsatzschwerpunkt auf die Brandbekämpfung von außen und den Schutz der umliegenden Bauten zu legen. Dabei wurde der absolute Schwerpunkt aller weiteren Einsatzmaßnahmen auf ein Verhindern der Brandausbreitung auf die benachbarten Gebäude und den Schutz des Baumaterials im Erdgeschoss des Windsor Towers gelegt. Herabfallende Trümmerteile machten einen Schutz der umliegenden Objekte notwendig, vor allem das angrenzende sechsgeschossige Einkaufszentrum (El Corte Ingles) war stark gefährdet.

5.4   Die vier Phasen der Hochhausbrandbekämpfung

Es wurden folgende Einsatzabschnitte gebildet:
- *Einsatzabschnitt 1:*
  Auftrag: Brandausbreitung auf gelagertes Baumaterial im Erdgeschoss des Gebäudes verhindern. Hierfür standen zwei schwere Löschfahrzeuge zur Verfügung.
- *Einsatzabschnitt 2:*
  Auftrag: brennende Materialien, die vom Gebäude herabstürzen, löschen. Hierfür standen zwei schwere Löschfahrzeuge und eine Drehleiter zur Verfügung.
- *Einsatzabschnitt 3* (der heikelste Einsatzabschnitt):
  Auftrag: Verhindern einer Brandausbreitung auf das angrenzende Einkaufszentrum (El Corte Ingles). Hierfür standen zwei schwere Löschfahrzeuge, eine Drehleiter und ein Tanklöschfahrzeug zur Verfügung.

Phase III (Offensive)

Um 1.23 Uhr kam es zu einem Einsturz von Fassadenteilen. Um 1.50 Uhr gaben Teile des Bodens im 21. Obergeschoss, bedingt durch das Versagen der außenliegenden Stahlträger, nach und stürzten ein. Dabei fielen sie nicht in die Tiefe, sondern hingen als Rutschplatten an Teilen der Deckenträger, die noch nicht beschädigt waren. Gegen 2.00 Uhr breitete sich das Feuer massiv in die unteren Geschosse aus und erreichte bereits das 17. Obergeschoss. Um 2.47 Uhr berichteten die Medien über den Einsturz von ein bis zwei Geschossen der Süd-Westfassade auf Höhe des 20. Obergeschosses.

Nur eine Stunde später, gegen 3.30 Uhr, sprang das Feuer auf das 16. Obergeschoss und das darunterliegende Technikgeschoss über, welches eine weitere Brandausbreitung für drei Stunden verhinderte. Die Decken der oberen Geschosse stürzten letztlich gegen 4.00 Uhr ein.

Um 4.00 Uhr war die Einsatzstelle wie folgt gegliedert:
- *Einsatzabschnitt 1:*
  Auftrag: Verhinderung einer Brandausbreitung auf die Dächer angrenzender Gebäude. Hierfür standen zwei Löschfahrzeuge (Stadt/schwer) und ein Löschfahrzeug (Stadt/leicht) zur Verfügung.
- *Einsatzabschnitt 2:*
  Auftrag: Kontrolle und Löschangriff auf die Fassadenabschnitte im Westen und im Süden, Nachfüllpunkt für Atemluftflaschen. Hierfür standen zwei Löschfahrzeuge (Stadt/schwer), eine Drehleiter sowie ein Tanklöschfahrzeug zur Verfügung.

- *Einsatzabschnitt 3:*
  Auftrag: Verhinderung der Brandausbreitung auf das angrenzende Einkaufszentrum, Ablöschen der Fassadenteile im Osten und im Süden. Hierfür standen zwei Löschfahrzeuge (Stadt/schwer), zwei Drehleitern und fünf Tanklöschfahrzeuge zur Verfügung.

Zudem wurde ein Bereitstellungsraum eingerichtet und betrieben. Dieser hatte den Auftrag, die zentrale Anfahrt für Personal, Gerät sowie nachrückende Fahrzeuge sicherzustellen und eine Ruhezone für das Einsatzpersonal einzurichten sowie die Organisation von Ablöseeinheiten in enger Absprache mit den Einsatzabschnitten und der Einsatzleitung durchzuführen.

Die Einsatzleitung vor Ort führte folgende Maßnahmen durch:
- Führen der einzelnen Einsatzabschnitte,
- Information der Behörden und Dienststellen, Pressearbeit,
- Herausgabe von Einsatzberichten und Rückmeldungen,
- Sammeln der Einsatzdaten, Dokumentation sowie
- Analyse eingehender Informationen und deren Aufbereitung in Grafiken oder Lagekarten.

Am folgenden Tag wurde um 13.30 Uhr »Feuer unter Kontrolle«, um 17.00 Uhr schließlich »Feuer aus« gemeldet. Eine Brandausbreitung auf benachbarte Gebäude wurde letztlich erfolgreich verhindert.

Versagen der Konstruktion während des Brandes
Das Gebäude wurde als Stahlskelettkonstruktion mit einem Stahlbetonkern, in dem die Infrastruktur (Aufzüge, Treppenraum, Steigschächte für Haustechnik) verlief, errichtet. Die Decke stützte sich einerseits auf einen Ring von gegeneinander gestellten C-Trägern, die unmittelbar hinter der vorgehängten Fassade errichtet waren, und andererseits im inneren Bereich auf zehn liegende Stahlbetonträger ab. Die äußeren Stahlsäulen waren in einen Abstand von 1,8 Meter errichtet worden. In der Mitte des Gebäudes bildete der Treppenraum den Kern. Die zur Gebäudeversorgung und Erschließung notwendige Infrastruktur wurde in einer besser geschützten Stahlbetonkonstruktion untergebracht, die darüber hinaus auch eine längere Feuerwiderstandsdauer aufwies. Zudem gab es noch stärkere Stahlbetonträger und Stützen, die einen zweiten, in der Mitte zwischen Kern und Fassade liegenden Ring bildeten. Dieser hatte eine wesentlich bessere Feuerwiderstandsfähigkeit als der außenliegende Ring. Mit dieser Konstruktion war es möglich, theoretisch jeden beliebigen Grundriss in den

5.4 Die vier Phasen der Hochhausbrandbekämpfung

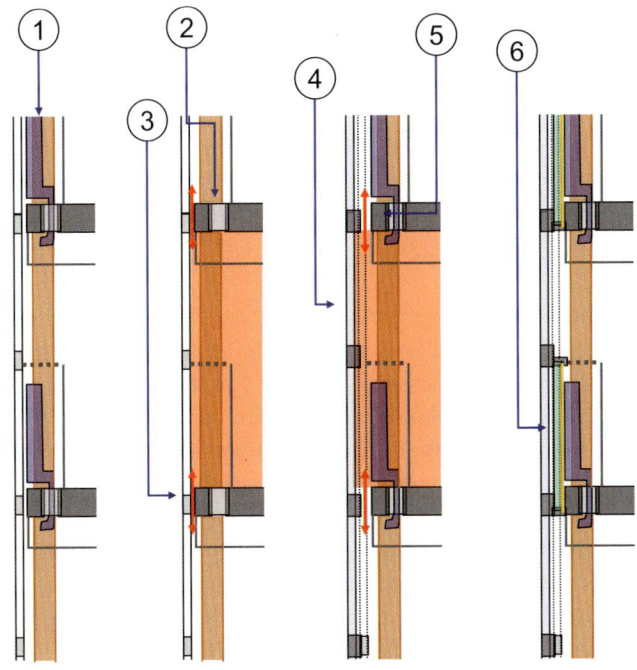

Bild 43: *Aufbau der Fassade des Windsor Towers*
① *Klimagerät, durch welches der Brand ausgelöst wurde*
② *Zustand in den Geschossen, in denen die Geräte bereits entfernt wurden*
③ *Spalt, der zwischen der Rohdecke und der Fassade vorhanden war*
④ *Die neue Fassade wurde vorgeblendet und die alte Fassade weggenommen, dadurch entstand ein noch größerer Schlitz zwischen Rohdecke und Fassade* ⑤
⑥ *Zustand, den die Fassade nach der Renovierung haben sollte. Zwischen der Fassade und der Rohdecke sollte der Spalt durch Baustoffe mit entsprechender Feuerwiderstandsdauer verschlossen werden (Grafik: Grünwald/von Kaufmann).*

Geschossflächen zu planen und schnell umzugestalten. Ein Prinzip, wie man es auch bei der aktuellen Hochhausgeneration vorfindet.

Bei der Decke handelte es sich um eine so genannte »Waffeldecke«. Sie bestand ebenfalls aus Stahlträgern, die im rechten Winkel zueinander angebracht waren und ein Netz mit zirka 60 Zentimeter großen Zwischenräumen darstellten. Die Zwischenräume waren mit Ziegelsteinen ausgemauert. Lediglich über den Technikgeschossen war eine 120 mm starke Stahlbetondecke eingezogen. Als wichtigstes Element des Gebäudes sollten sich die beiden »technischen Etagen« im 6. und 16. Obergeschoss erweisen. Diese massiven Geschosse, die jeweils aus acht Betonträgern von 3,75 Metern Höhe (Geschosshöhe) bestanden, waren als massive, lastabfangende Riegel ausgelegt. Die Etage über dem 16. Obergeschoss hatte den Brand aufgrund ihrer Bauweise mehr als sieben Stunden lang begrenzt. Erst als außen liegende Gebäudeteile in größerem Ausmaß einstürzten, führten herabfallende Trümmer dazu, dass der Brand sich auf die Geschosse darunter ausbreiten konnte.

Brandursache
Das Feuer brach aufgrund eines elektrischen Defektes in einem Heizgerät, welches direkt an der Fassadeninnenseite angebaut war, aus. Die Rohdecke grenzte nicht direkt an die Fassade, vielmehr war zwischen der vorgehängten Fassade und der Rohdecke ein Abstand von 10 bis 20 mm vorhanden, der durch eine Holzkonstruktion verschlossen wurde. Diese Schwachstelle war bekannt. Im Zuge der Brandschutzsanierung wurden die Heizgeräte und Hölzer ausgebaut, sodass hier ein offener Raum entstand. Nach dem Ausbau der Heizgeräte und Holzplatten wurde die neue Fassade vor der alten errichtet. Im nächsten Schritt sollte die alte Fassade abgerissen werden. Der so entstandene Spalt zwischen der Rohdecke und der neuen Fassade war folglich um ein Vielfaches größer (120 mm).

Dieser Spalt sollte dann mit einer Brandschutzisolierung aufgefüllt werden, die zum Zeitpunkt des Brandausbruchs aber noch nicht installiert war (Bild 43). Die Fassade hatte Brüstungselemente, die einen Feuerüberschlag in die darüberliegenden Geschosse verhindern sollten. Aufgrund der Lücken zwischen Fassade und Rohdecke kam es jedoch zu einer Ausbreitung des Feuers hinter der Fassade, somit waren die Brüstungselemente unwirksam.

Einsturz der oberen Geschosse
Das Feuer konnte sich aufgrund der ungünstigen Beschaffenheit und mangelnden Feuerwiderstandsfähigkeit der Fassade schnell vom 21. bis zum 17. Obergeschoss ausbreiten. Das Versagen des äußeren Rings der Stahlsäulen infolge der Wärmeeinwirkung und der damit verbundene Einsturz trugen ebenfalls zu einer schnellen Brandausbreitung bei. Die in der äußeren Gebäudeseite verbauten Stahlträger waren relativ dünn und nicht gegen Brandeinwirkung geschützt. Daher kam es zu einem schnellen Versagen der Tragfähigkeit (Anmerkung: erste Meldung eines Teileinsturzes der Fassade um 1.23 Uhr, etwa zweieinhalb Stunden nach dem Brandausbruch). Hierdurch wurde eine Kettenreaktion ausgelöst, welche die äußeren Bodenteile, nachdem diese ihre Tragkraft nicht mehr auf die bereits weg gebroche-

nen Säulen im unterliegenden Geschoss abtragen konnten, zum Abknicken brachte. Das Technikgeschoss, welches durch seine widerstandsfähigere Konstruktion und der Stahlbetondecke dem Feuer einen längeren Widerstand hätte bieten können, wurde durch einstürzende Teile so stark beschädigt, dass sich das Feuer binnen 30 Minuten auch in diesem Bereich ausbreiten konnte. In den folgenden sechs Stunden kam es zu einer Brandausbreitung bis in das 6. Obergeschoss. Die Tatsache, dass unterhalb des 17. Obergeschosses keine Gebäudeteile eingestürzt sind, ist auf die umgesetzte Brandschutzsanierung und die Maßnahmen der Feuerwehr (Außenangriff) zurückzuführen.

Phase IV (Folgemaßnahmen – Sicherung und Abriss des Gebäudes)
Nach Abschluss der Löscharbeiten wurden folgende Kräfte mit dem Auftrag, eine Wiederentzündung oder ein Einstürzen zu verhindern, vorgehalten: zwei schwere Löschfahrzeuge, zwei Tanklöschfahrzeuge sowie zwei Lüfter.

Das Gebiet, auf dem sich das Hochhaus befand, ist ein lebhaftes Einkaufs- und Geschäftszentrum in Madrid. Zudem verlief unter dem Gebäude ein Verkehrstunnel. Unmittelbar nach dem Einsatz legten die Behörden einen zirkulären Sicherheitsbereich von 600 Metern um das Gebäude herum fest und gaben dessen Totalabriss bekannt. Für die Abrissarbeiten wurde ein Zeitraum von zehn bis zwölf Monaten eingeplant. Nachdem eine nicht unerhebliche Einsturzgefahr für das Gebäude bestand, musste man von den gängigen Abrissmethoden Abstand nehmen. Man entschloss sich, das Gebäude von außen abzutragen. Für den Abriss wurden nach der Demontage des abgebrannten Baukrans drei Autokräne aufgestellt. Um einen der Kräne aufstellen zu können, musste der Verkehrstunnel mit einem Stützsystem aufwändig abgestützt werden. Über Krangondeln konnten dann die Trümmerteile abgetragen werden. Dabei war es wichtig, die einzelnen Schadenbilder des Gebäudes zu analysieren, um dann die entsprechende Methode zur Beseitigung anzuwenden. Es wurden Spezialisten eingesetzt, die mithilfe von Hochdruckschneid- und Schweißgeräten in einem ersten Schritt die absturzgefährdeten Fassaden- und Stahlteile abtrennten.

In einem zweiten Schritt wurde das Gebäude nach der Beseitigung der herabhängenden Trümmer- und Fassadenteile geschossweise abgetragen. An erster Stelle stand dabei die Sicherheit der Arbeiter. Um zu gewährleisten, dass sie in dem immer noch einsturzgefährdeten Gebäude nicht in den unmittelbaren Gefahrenbereich vordringen mussten, entschied man sich für den Einsatz von kleinen und leichten, raupengetriebenen Abrissrobotern mit einem Gewicht von zwei Tonnen, die ferngesteuert werden konnten. Diese Abrissroboter verfügten über Presslufthämmer, mit welchen sie so kleine Betonteile herausbrechen konnten, dass eine Bergung mit den

Kränen möglich war. Trotz des aufwändigen Einsatzes von Robotern ging das Abtragen der Stockwerke relativ schnell voran, sodass Mitte Juli bereits 2/3 des Gebäudes abgerissen waren. Drei Monate später stand Madrids achthöchstes Gebäude nicht mehr. Der Abriss des Gebäudes war keine alltägliche Arbeit. Die Tatsache, dass es sich um ein durch Feuer stark beschädigtes, einsturzgefährdetes Gebäude handelte und dass ein großes öffentliches Interesse an den Arbeiten und an dem Ereignis herrschte, setzte nicht nur die Behörden unter großen Druck, sondern auch das Abrissunternehmen. Zudem war durch den großen Sicherheitsbereich und die Sperrung des Tunnels auch die Infrastruktur mit den entsprechenden Folgen für das Leben im Stadtviertel eingeschränkt.

Folgen für das eigene Handeln:
- Baustellen sind im Brandfall kritischer einzuschätzen. Brandschutzabschnitte funktionieren nicht wie vorgesehen, Gebäudetechnik steht nicht oder nur eingeschränkt zur Verfügung.
- Die Tatsache, dass es keine Brandfrüherkennung (beispielsweise Rauchmelder) gab, die auf die Leitstelle der Feuerwehr aufgeschaltet war, hat den Einsatzbeginn maßgeblich verzögert. Somit konnte das Feuer nicht mehr in der Entstehungsphase bekämpft werden.
- Stabile Hochhausfassaden verhindern einen Feuerschein oder Flammen an der Außenseite der Fassade über einen langen Zeitraum. Werden Flammen an der Fassadenaußenseite sichtbar, ist mit einem entwickelten Brand zu rechnen.

- *Phase I (Stabilisierungsphase)*
  Die Feuerwehr Madrid hatte sich entschlossen, in der ersten Phase den Schwerpunkt auf die Brandbekämpfung in den Geschossen 21 bis 23 zu legen.
  Sie handelte folglich so, wie auch deutsche und andere europäische Feuerwehren in einer analogen Situation handeln würden. Es galt die Lage soweit zu stabilisieren, bis eine Offensive vorbereitet werden konnte mit dem Ziel, das Feuer so früh als möglich aktiv zu bekämpfen, um so eine Brandausbreitung auf andere Geschosse wirksam zu verhindern.
  Die Feuerwehrleute kannten sich im Gebäude nicht aus. Sie hatten keine weitergehenden Informationen wie Grundriss- oder Geschosspläne. Deswegen wurde auch nicht der notwendige Treppenraum gefunden, der ein wesentlich sichereres Vorgehen möglich gemacht hätte. Die Brandbe-

5.4 Die vier Phasen der Hochhausbrandbekämpfung

kämpfung gestaltete sich in der ersten Phase aus folgenden Gründen sehr schwierig:

1. Die Büros verfügten über eine Grundfläche von 1000 m² und zudem über erhebliche Brandlasten. Das Feuer konnte sich in den Zwischendecken lange ungehindert ausbreiten. Der Einsturz der Zwischendecken blockierte nicht nur den Rückzugsweg. Der Brandrauch, der sich in den Zwischendecken angesammelt hatte, führte auch zu einer erheblichen Verschlechterung der Sichtverhältnisse.

2. Unzureichende Wasserversorgung: Es gab zwar vier nasse Steigleitungen, deren Einspeisevorrichtung und die Angabe, welche Einspeisung für welchen Treppenraum dient, war jedoch nicht bekannt. Zudem war im 25. Obergeschoss ein Abgang offen, sodass es zu einem Druckverlust bei den tiefer gelegenen Abgängen kam.

Die Sicherstellung von Nachschub und Reserven ist ein zentrales Thema. Die Höhe des Gebäudes zwingt die eingesetzten Kräfte anders zu arbeiten, als sie es von einem »regulären Feuer« gewohnt sind. Die langen An- und Abmarschwege stellen eine hohe physische Belastung für die Feuerwehrangehörigen dar. Reaktionszeiten für Handlungen, wie beispielsweise den Einsatz eines Sicherheitstrupps, werden zu lange, wenn Kräfte und Gerätschaften für einen geplanten Einsatz nicht im Depotgeschoss bereitstehen.

Widerstandslinien können nur schwer gebildet werden, wenn sie nicht durch den baulichen Brandschutz unterstützt werden. Bei diesem Brandereignis war dies aufgrund der schnellen Ausbreitung des Feuers nach oben und unten nicht mehr möglich. Somit konnte die Lage in der ersten Phase auch nicht hinreichend stabilisiert werden.

- *Phase II (Aufwuchsphase)*

In der zweiten Phase des Einsatzes fiel die Entscheidung, sich aus dem Gebäude zurück zu ziehen und die umliegenden Gebäude zu schützen. Die Einsatzleitung hatte erkannt, dass der Einsatz im bisherigen Schwerpunkt, nämlich den Brandgeschossen, nicht mehr erfolgreich war und dass ihr keine Kräfte und Mittel mehr zur Verfügung standen, um die Lage noch in den Griff zu bekommen. Die Entscheidung, das Gebäude aufzugeben, war mutig und wurde konsequent durchgeführt. Mit dem Außenangriff und dem Schützen der umliegenden Gebäude trat der

Einsatzerfolg dann auch ein. Dazu wurden die Einsatzabschnitte neu gegliedert und konsequent mit nachrückenden Einheiten verstärkt.

- **Phase III (Offensive)**
  In der dritten Phase wurden die einzelnen Einsatzabschnitte verstärkt und eine Infrastruktur zur Versorgung und Ablösung der Kräfte geschaffen. Mit dem Installieren einer entsprechenden Einsatzleitung konnten nun auch Maßnahmen, die über einen längeren Zeitraum stattfinden mussten, durchgeführt werden.
- **Phase IV (Folgemaßnahmen – Sicherung und Abriss des Gebäudes)**
  Die im Anschluss durchgeführten Sicherungsmaßnahmen und Abrissarbeiten hatten einen wesentlichen Einfluss auf das tägliche Leben im betroffenen Stadtviertel (Sperrkreis 600 Meter) und auf die Infrastruktur der Stadt (Sperren des Tunnels). Zudem entstand ein großes öffentliches Interesse, welches eine aufwändige und stetige Pressearbeit erforderte.

6 Einsatzentwicklung

Am Beispiel des beschriebenen Phasenmodells soll im Folgenden die Entwicklung der Einsatzstelle aus einsatztaktischer Sicht dargestellt werden.

6.1 Phase I: Stabilisierungsphase

Im Nachfolgenden werden die Aufgaben des ersten Löschzugs während der Stabilisierungsphase dargestellt (siehe auch Bilder 44 und 45).

Erster Löschzug (Einsatzabschnitt Brandgeschoss)
- **Einsatzleitwagen (1. Löschzug)**
   Auftrag und Verantwortung: Der Zugführer leitet den Einsatz bis zum Eintreffen des Führungsdienstes[17]. Alle eintreffenden Einheiten melden sich unverzüglich beim Zugführer des ersten Zuges. Der Zugführer soll den Einsatz vom Eingangsbereich (Lobby) aus leiten, er überprüft die BMZ, stellt gegebenenfalls Kontakt zum Haustechniker, Betreiber sowie Sicherheitsdienst her und veranlasst, dass die Haustechnik einsatzabhängig geschaltet wird. Er erkundet den Angriffsweg für den ersten Stoßtrupp und legt fest, ob der Feuerwehraufzug – falls vorhanden – benutzt wird. Andernfalls erkundet er die Treppenräume für Angriff und Menschenrettung (Evakuierung) und legt diese fest. Den Stand der Evakuierungsmaßnahmen und die Notwendigkeit einer Evakuierung des kompletten Gebäudes oder von Teilen spricht er mit dem Verantwortlichen des Gebäudebetreibers ab. Er stellt sicher, dass ein Kontakt in den Feuerwehraufzug und in das Depotgeschoss vorhanden ist. Er weist den Führungsdienst beim Eintreffen vor Ort in die Lage ein. Der Zugführer des 1. Zuges begibt sich nach der Übergabe der Einsatzstelle an den Einsatzführungsdienst, ausgerüstet mit einem Pressluftatmer[18], über den Fluchttreppenraum bzw. mit dem Feuerwehraufzug ins Depotgeschoss und ist für das Brandgeschoss zuständig.

---

17 Übergeordneter Führungsdienst, in der Regel der A- oder B-Dienst
18 Die Tatsache, dass auf den ELW teilweise keine Pressluftatmer mitgeführt werden, kann es erforderlich machen, eine Einheit für Atemschutzlogistik mit zu alarmieren.

6 Einsatzentwicklung

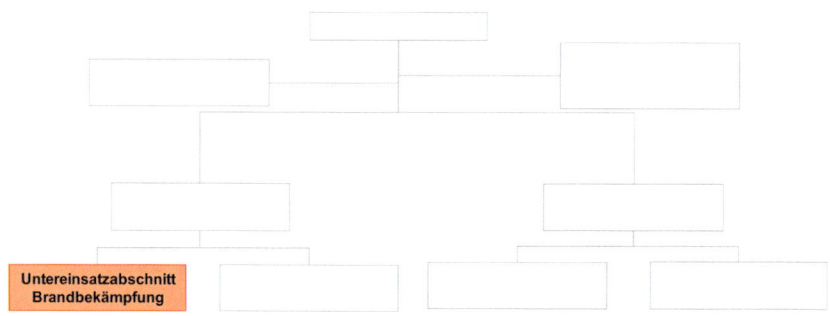

Bild 44: *Phase I »Stabilisierung« (Grafik: Grünwald/von Kaufmann)*

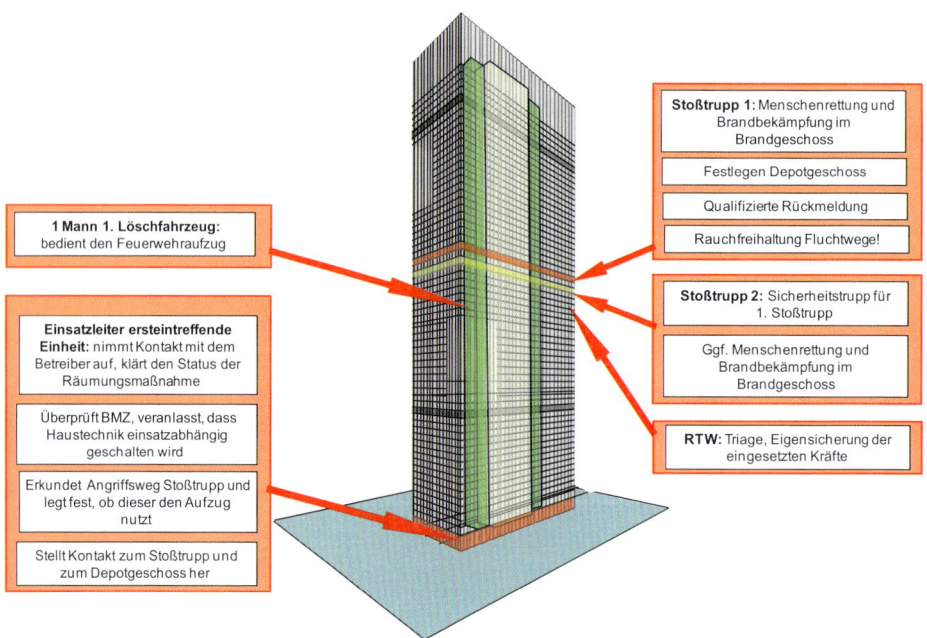

Bild 45: *Phase I am Beispiel eines Hochhausbrandes dargestellt (Grafik: Grünwald/von Kaufmann)*

6.1 Phase I: Stabilisierungsphase

- **1. Löschfahrzeug (1. Löschzug)**
  Auftrag und Verantwortung: Die Besatzung des 1. Löschfahrzeugs führt die Erkundung, Menschenrettung und Brandbekämpfung im Brandgeschoss durch. Sie stellt den ersten Stoßtrupp. Der Einsatz entwickelt sich über dieses Fahrzeug. Das Löschfahrzeug fährt vor dem Objekt so vor, dass die Einspeisestelle problemlos erreicht werden kann. Der Gruppenführer stellt sicher, dass die Ausrüstung vollständig und richtig angelegt mitgeführt wird. An der Einsatzstelle begibt sich der Stoßtrupp – wenn kein Feuerwehraufzug vorhanden ist – über den Fluchttreppenraum in das Brandgeschoss. Bei Benutzung des Feuerwehraufzugs wird der Unterstützungstruppmann Aufzugführer und bleibt während des gesamten Einsatzes in dieser Funktion. Der Stoßtruppführer legt das Depotgeschoss fest und meldet dies dem Zugführer. Er koordiniert selbstständig das weitere Vorgehen seines Trupps. Der Maschinist des 1. Löschfahrzeugs bereitet zusammen mit dem Maschinisten der Drehleiter und den Maschinisten des 2. Löschfahrzeugs die Einspeisung vor und baut eine gesicherte Wasserversorgung auf. Der Maschinist baut die Wasserversorgung zu seinem Fahrzeug auf und übernimmt die Atemschutzeinsatzführung (AEF), bis die Drehleiterbesatzung diese Aufgabe wahrnehmen kann.

- **Drehleiter (1. Löschzug)**
  Auftrag und Verantwortung: Der Fahrzeugführer der Drehleiter rüstet sich mit einem Pressluftatmer aus und geht nach Eintreffen des Einsatzführungsdienstes zusammen mit dem Zugführer ins Depotgeschoss vor. Er übernimmt dort die Atemschutzüberwachung der beiden Stoßtrupps (1. und 2. Löschfahrzeug) des 1. Zuges. Im weiteren Einsatzverlauf übernimmt er in Absprache mit dem Zugführer die Beobachtung der Gebäudefront oder koordiniert die Beladung des Feuerwehraufzugs.

- **2. Löschfahrzeug (1. Löschzug)**
  Auftrag und Verantwortung: Die Besatzung des 2. Löschfahrzeugs stellt den Sicherheitstrupp für das 1. Löschfahrzeug. Sie richtet das Depotgeschoss ein. Der 2. Stoßtrupp rüstet sich ebenfalls unverzüglich aus und geht kurz nach dem 1. Stoßtrupp vor. Er fährt keinesfalls mit dem 1. Stoßtrupp im Feuerwehraufzug nach oben. Der Führer des Stoßtrupps befiehlt bei Nutzung des Feuerwehraufzugs und nach Rücksprache mit dem Zugführer eine umfangreichere Ausrüstung für das Depot. Er setzt regelmäßig Rückmeldungen ab. Ist das Depotgeschoss erreicht, wartet der 2. Stoßtrupp auf Anweisungen des Einsatzabschnittsleiters »Brandbekämpfung« (Zugführer 1. Zug) und wird Sicherheitstrupp für den 1.

Stoßtrupp. Seine Wasserversorgung stellt er – wenn möglich – über die Löschwasseranlage »trocken« oder den Wandhydranten im Geschoss unterhalb des Brandgeschosses sicher.

6.1.1 Phase I im Ablauf

Die Einsatzstelle wächst auf. Das bedeutet, dass es in der Regel nicht zum Eintreffen und Entfalten aller Kräfte »auf einen Schlag« kommen wird, sondern die Löschzüge oder einzelnen Fahrzeuge nacheinander eintreffen werden. Auch der Einsatzführungsdienst wird meist nicht mit den ersten Kräften eintreffen. Die Maßnahmen, die getroffen werden müssen, sind zahlreich, die Informationen in den ersten Minuten lückenhaft – wenn sie sich nicht widersprechen, der Handlungsdruck auf den Einsatzleiter ist groß. Dieser muss seine Kräfte im Schwerpunkt einsetzen, nämlich dort, wo er voraussichtlich den größten Einsatzerfolg erringen kann. Wer ausreichende Kräfte an entscheidender Stelle zusammenfassen will, muss bereit sein, an anderer Stelle Risiken einzugehen, die er nicht abdecken kann. Verfügt die Feuerwehr über festgeschriebene Standards, weiß der Einsatzleiter, was er automatisch an Unterstützung bekommen wird, und kennt auch das Ziel, das erreicht werden soll.

In fast allen Fällen wird der Einsatzleiter seine Kräfte als erstes in das Brandgeschoss vorgehen lassen. Ziel ist es, die Lage dort zu stabilisieren, bevor ausreichend Kräfte nachrücken, um offensive Maßnahmen einleiten zu können. Dies muss nicht zwingend durch Brandbekämpfungsmaßnahmen geschehen. Ist das Geschoss leer, kann es für die ersten Maßnahmen beispielsweise auch ausreichend sein, die Türen zu den notwendigen Treppenräumen zu schließen und die Geschosse oberhalb des Brandgeschosses zu räumen. Das Beispiel aus Chicago hat allerdings gezeigt, dass zwingend der Treppenraum nach oben erkundet werden muss, der dann für den Löschangriff in das Brandgeschoss dienen soll. Verfügt das Gebäude über zwei Treppenräume, kann der andere für anstehende Evakuierungsmaßnahmen verwendet werden. Der Zugführer des ersteintreffenden Zuges muss dies und beispielsweise Maßnahmen wie das Abschalten von Klimatechnik oder Durchsagen zur Räumung mit dem Sicherheitsdienst absprechen. Deswegen wird er seinen Standort günstigerweise in der Lobby wählen, zumindest lässt er dort einen kompetenten Ansprechpartner zurück[19].

---

19 Nach FwDV 3 ist der Zugführer an keinen festen Ort gebunden.

6.1 Phase I: Stabilisierungsphase

Die Erkundung sollte mit folgenden Fragestellungen durchgeführt werden (Berufsfeuerwehr New York, 1997):

- Steht das Brandgeschoss definitiv fest?
- Hat die Löschanlage angesprochen?
- Wie weit ist eine eventuell eingeleitete Evakuierung fortgeschritten?
- Gibt es irgendwelche Hinweise auf eingeschlossene Personen oder Personen, die sich in Lebensgefahr befinden?
- Wie ist der derzeitige Zustand der Aufzugsanlagen und der Anlagen für die Klimatechnik?
- Wo sind die zum Brandraum am nächsten gelegenen Treppenräume?
- Welche Kommunikationsverbindungen können zwischen dem Brandgeschoss, später auch Depotgeschoss und eventuell Feuerwehraufzug, und der Lobby (zunächst Standort des ersten Zugführers) genutzt werden?
- Welche Sprechverbindungen bzw. Durchsagemöglichkeiten für das Gebäude bestehen in der Lobby?

Beispielsweise kann darauf hingewirkt werden, dass durch den Sicherheitsbeauftragten eine Durchsage zur Information der Personen im Hochhaus gemacht wird. Der Inhalt kann folgender sein: »*Hier spricht ihr Sicherheitsbeauftragter [Name]! Die Feuerwehr ist gerade eingetroffen, um ein Feuer im Gebäude zu bekämpfen. Diese Durchsage dient der Information. Wenn wir das Gebäude räumen müssen, werden wir sie rechtzeitig informieren. Bitte bewahren sie Ruhe und bleiben sie an ihrem Arbeitsplatz.*«

Brandbekämpfung bei ausgelöster Sprinkleranlage

Ist die Sprinkleranlage in Betrieb, darf sie keinesfalls abgestellt werden, bis die Ursache bekannt ist und feststeht, dass es sich um eine Fehlauslösung handelt und kein Brandherd vorliegt oder dass das Feuer durch die Sprinkleranlage restlos abgelöscht wurde. Ein weiterer Grund kann sein, dass die Feuerwehr ein durch die Sprinkleranlage klein gehaltenes Feuer durch den Innenangriff wirksam bekämpft hat (Kemper, 2003). Es darf also nicht geschehen, dass die Anlage abgestellt wird, bevor die Feuerwehr an der Stelle des ausgelösten Sprinklerkopfes war und den Grund für dessen Auslösung kennt beziehungsweise das Feuer, welches zur Auslösung der Anlage geführt hat, restlos bekämpft ist! Das bedeutet, dass eine Brandbekämpfung im klassischen Sinn auch beim Vorhandensein einer Sprinkleranlage durchgeführt werden muss. Ist es tatsächlich zu einem Feuer gekommen, läuft die Sprinkleranlage parallel zu den von der Feuerwehr durchgeführten Brandbekämpfungsmaßnahmen weiter. Erst wenn durch die Feuerwehr »Feuer aus!« gemeldet wurde, kann die Sprinkleranlage abschaltet werden[20].

Zusammenarbeit mit dem Sicherheitspersonal
Der Sicherheits- bzw. Brandschutzbeauftragte muss im Falle eines Brandereignisses in der Lobby zur Verfügung stehen. Das sollte auch eingefordert werden, soweit keine anderen Vereinbarungen getroffen wurden. Der Sicherheits- bzw. Brandschutzbeauftragte ist in der Lage, Kopien der Geschosspläne auszuhändigen. Diese können im weiteren Verlauf für nachrückende Trupps hilfreich sein und zur Lagedarstellung dienen. In der Lobby befinden sich in der Regel auch die Feuerwehr-Laufkarten für die vorgehenden Trupps.

Nutzung des Feuerwehraufzugs
Der ersteingetroffene Zugführer hält Kontakt zu der verbliebenen Einsatzkraft im Feuerwehraufzug und weist den nachfolgenden Zugführer und den Einsatzführungsdienst in die Lage ein. Es bietet sich an, dass er dann die Führung im Depotgeschoss übernimmt, da dort seine Kräfte im Schwerpunkt eingesetzt sind.

Löst eine Brandmeldeanlage aus, fahren die Aufzüge in das Erdgeschoss und öffnen ihre Türen[21]. Bei Wohnhochhäusern bleiben die Aufzüge im Regelbetrieb und fahren weiter. Viele Standards sehen vor, die Aufzüge im ersten Zugriff in das Erdgeschoss zu holen und dort zu blockieren. Dies bindet aber Kräfte mit fraglichem Erfolg: Aufzüge sind so programmiert, dass – hat bereits ein Aufzug im Erdgeschoss angehalten – der zweite Aufzug nicht in diesem Geschoss stehen bleibt. Die ersten Einheiten werden sich nun in das Brandgeschoss aufmachen. Sie müssen darauf achten, dass alle notwendigen Schlüssel mitgenommen werden!

Durch den negativen Kamineffekt kann es bereits in den Geschossen unterhalb des Brandgeschosses zu einer Verrauchung kommen. In Abhängigkeit von der Verrauchung muss das Depotgeschoss dann in einem tiefer gelegenen Geschoss festgelegt werden. Die Verrauchung des Treppenraums über mehrere Geschosse ist auch der Grund, warum es wichtig ist, zu versuchen, so viele Informationen über die Brandausbruchstelle zu bekommen wie möglich. Somit kann zumindest das Brandgeschoss relativ schnell gefunden werden.

---

20 In Hampshire County (England) brannte der Hauptgeschäftssitz einer Firma aus, weil die Feuerwehr die Sprinkleranlage bei ihrem Eintreffen abschalten ließ, da diese einen zu großen Wasserschaden verursachte. Das Feuer konnte somit wieder aufbrennen (Grimwood, 2005).
21 Es gibt Aufzüge, die über eine dynamische Brandfallsteuerung verfügen. Sollte das Erdgeschoss verraucht sein, fahren sie in ein anderes Geschoss und bleiben dort stehen.

6.1 Phase I: Stabilisierungsphase

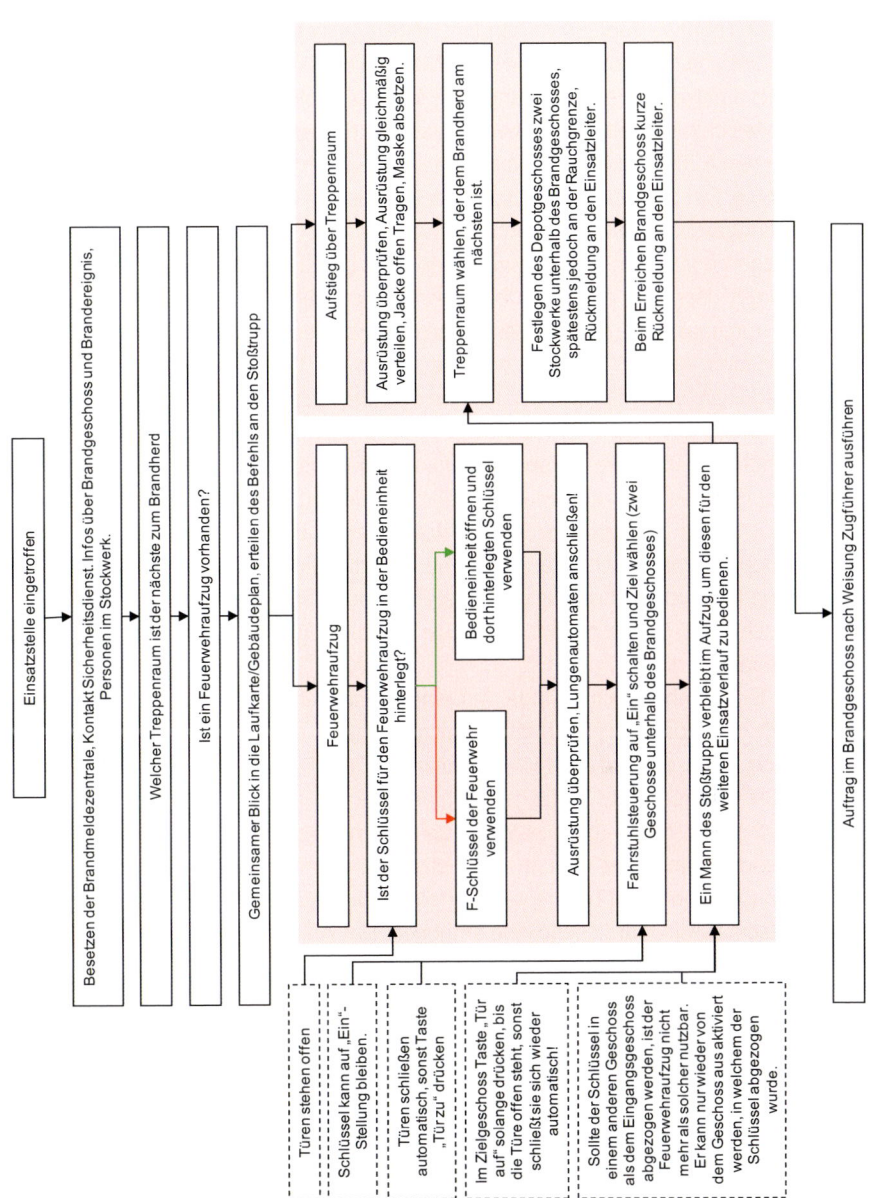

Bild 46: *Ablaufdiagramm für die Benutzung des Feuerwehraufzugs (Grafik: Grünwald/von Kaufmann)*

Ist ein Feuerwehraufzug vorhanden, sollte man diesen nutzen, da er die Einsatzkräfte schont und die Mitnahme von mehr Material ermöglicht. Der Aufzug muss allerdings stets durch einen Feuerwehrangehörigen besetzt bleiben. So ist sichergestellt, dass es keine Schwierigkeiten mit den Schlüsselfunktionen gibt. Der Feuerwehrangehörige, der den Aufzug besetzt hält, muss ein umluftunabhängiges Atemschutzgerät mit sich führen. Der Lungenautomat ist bei der Fahrt anzuschließen. Es wird nicht direkt in das Brandgeschoss gefahren, sondern zwei Geschosse unterhalb des Brandgeschosses ausgestiegen. Von dort aus wird der Aufstieg zu Fuß durchgeführt. Das hat den Vorteil, dass dann auch das Depotgeschoss klar benannt werden kann. Zudem kann es durchaus auch Hochhäuser geben, bei welchen noch nicht zwingend Aufzugsvorräume verlangt wurden, oder bei denen die Türen zu den Aufzugsvorräumen aufgekeilt worden sind. Um zu vermeiden, dass sich die Türen öffnen und der Trupp im Brandrauch steht, wird vorher ausgestiegen. So läuft der Trupp die letzten Geschosse über die Treppe und kann lageangepasst reagieren. Hat der Trupp den Feuerwehraufzug verlassen, fährt ihn der Aufzugsführer unverzüglich wieder ins Erdgeschoss, damit er den nachfolgenden Kräften zur Verfügung steht. Ist der Trupp im Brandgeschoss angekommen, setzt er eine Rückmeldung ab. Nicht immer ist jedoch sicher, dass das gemeldete Brandgeschoss auch das tatsächliche Brandgeschoss ist. Der Trupp gibt eine kurze Lagemeldung ab und ergreift dann die ersten Maßnahmen.

Es gibt aber auch Gründe, auf einen Feuerwehraufzug zu verzichten: Liegt ein Defekt vor oder ist ein Brand im Aufzugsschacht des Feuerwehraufzugs ausgebrochen, kann der Aufzug nicht benutzt werden. Dasselbe gilt bei einem Brand im Maschinenraum des Aufzugs oder wenn der Aufzugsschacht durch eine mechanische Einwirkung (beispielsweise bei einem Flugzeugabsturz) beschädigt wurde. Brennt es im Keller oder in der Tiefgarage eines Hochhauses, muss der Abstieg zwingend über den Treppenraum erfolgen. Der Feuerwehraufzug fährt dem Feuer in diesem Fall im wörtlichen Sinne entgegen. Das Ablaufdiagramm im Bild 46 zeigt die Benutzung eines Feuerwehraufzugs.

6.1.1.1 Betrieb und Notausstieg aus dem Feuerwehraufzug

Bleibt ein Trupp in einem Feuerwehraufzug stecken, führt das zu einer wesentlichen Änderung der Lage. Neben dem eigentlichen Einsatzziel, den Brand zu bekämpfen, muss der Zugführer nun alles daransetzen, seine eingeschlossene Mannschaft aus der misslichen Lage zu befreien. Deswegen ist es notwendig, mit einem Feuerwehraufzug umgehen zu können. Dies muss regelmäßig geübt werden. Im Folgenden

6.1 Phase I: Stabilisierungsphase

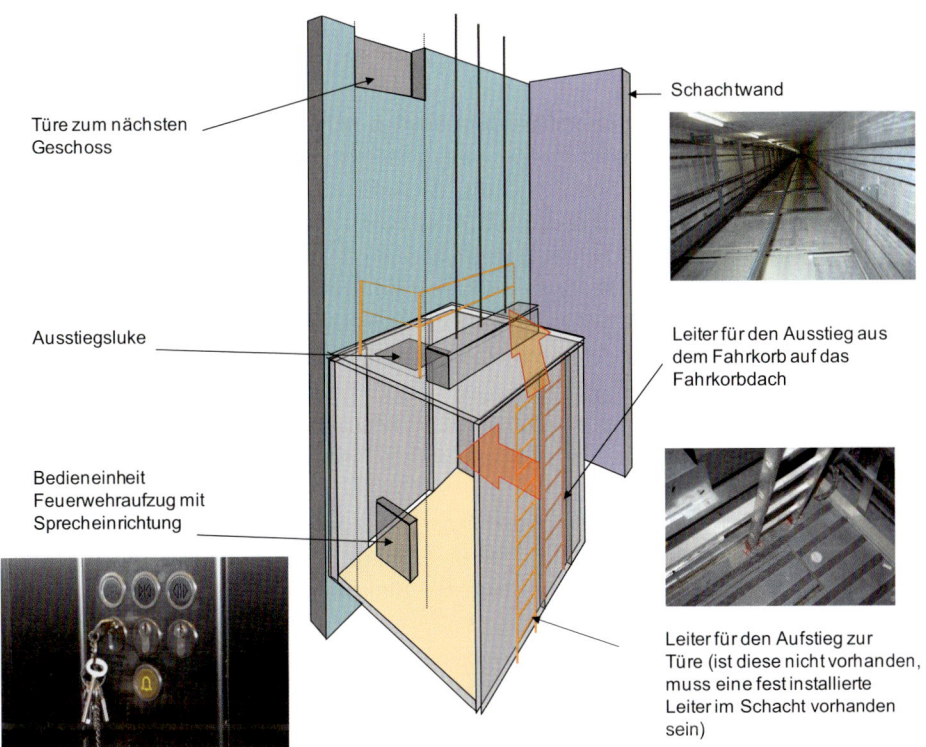

Bild 47: *Aufbau eines Feuerwehraufzugs (Grafik: Grünwald/von Kaufmann)*

wird ausführlich beschrieben, wie ein Feuerwehraufzug bedient wird und was im Notfall zu tun ist. Das Bild 47 zeigt den grundsätzlichen Aufbau eines Feuerwehraufzugs.

Normaler Betrieb

Der Feuerwehraufzug muss in Betrieb genommen werden. Dazu ist die Bedieneinheit mit dem entsprechenden Schlüssel zu öffnen. Anschließend wird der Feuerwehraufzug mit einem Schlüsselschalter aktiviert. Der entsprechende Schlüssel ist entweder in der Bedieneinheit hinterlegt oder ein spezieller Schlüssel, der durch die Feuerwehr mitgeführt wird. Erfolgt die Aktivierung mit dem Feuerwehrschlüssel, kann dieser in der »Ein«-Stellung wieder abgezogen werden. Spätestens jetzt muss die Fahrkorbtür offen stehen. Außerdem ist ab diesem Zeitpunkt die Sprechverbindung zwischen der Bedienstelle und dem Fahrkorb in Betrieb.

Feuerwehraufzug im Fahrkorb in Betrieb nehmen
Nun muss der Fahrkorb für die Benutzung als Feuerwehraufzug aktiviert werden. Dies geschieht mit einem Schlüsselschalter der Aufzugssteuerung im Fahrkorb durch eine Drehung des entsprechenden Schlüssels. Dieser muss immer in der »Ein«-Stellung bleiben. Sollte der Schlüssel in einem anderen Geschoss als dem Eingangsgeschoss abgezogen werden, ist der Feuerwehraufzug nicht mehr nutzbar! Deswegen bleibt grundsätzlich ein Angehöriger des Stoßtrupps im Aufzug zurück! Der Feuerwehraufzug kann nur von dem Geschoss aus wieder aktiviert werden, in dem der Schlüssel abgezogen wurde. Nach der Eingabe des Zielgeschosses schließen sich die Fahrschachttüren in der Regel automatisch. Sie können aber auch von Hand geschlossen werden. Dazu muss die »Tür-zu«-Taste solange betätigt werden, bis die Tür geschlossen ist.

Im Zielgeschoss öffnet sich die Tür nur, wenn die »Tür-auf«-Taste solange betätigt wird, bis die Tür vollständig offen ist. Sollte die Taste vorher losgelassen werden, schließt die Tür wieder automatisch. Die Tür kann mit der »Tür-zu«-Taste jederzeit geschlossen werden. Die Taste muss dann ebenfalls solange betätigt werden, bis die Tür vollständig geschlossen ist. Wird über die Aufzugssteuerung ein neues Geschoss eingegeben, schließt die Tür automatisch. Die Tür im Zugangsgeschoss lässt sich nur öffnen, wenn die »Tür-auf«-Taste solange betätigt wird, bis die Tür vollständig offen ist. Die Tür kann im Zugangsgeschoss von außen nicht geöffnet werden. Das Aus- und Einschalten des Feuerwehraufzugs ist hier völlig zwecklos.

Feuerwehraufzug außer Betrieb nehmen
Zunächst muss der Schlüsselschalter im Fahrkorb wieder auf die »Null«-Stellung gebracht und der Schlüssel abgezogen werden. Anschließend wird in der Bedieneinheit der Betrieb des Feuerwehraufzugs ausgeschaltet und die Bedieneinheit geschlossen.

Selbstrettung aus dem Fahrkorb
Eine Selbstrettung ist dann erforderlich, wenn der Feuerwehraufzug aus irgendwelchen Gründen stecken bleibt und die Weiterfahrt in absehbarer Zeit nicht eingeleitet werden kann. Wird eine Selbstrettung durchgeführt, kann der Feuerwehraufzug im weiteren Einsatzverlauf nicht mehr benutzt werden.

6.1 Phase I: Stabilisierungsphase

Aufstiegsleiter in Stellung bringen

Zunächst muss eine Seitenklappe des Fahrkorbs mit dem entsprechenden Schlüssel geöffnet werden. Anschließend wird die vorhandene Leiter herausgenommen bzw. herausgeklappt. Nun kann über die Leiter die Dachklappe erreicht werden. Diese lässt sich mit einem entsprechenden Schlüssel (z. B. Dreikant) öffnen. Nachdem die Klappe geöffnet wurde, muss die Leiter gegebenenfalls für den Ausstieg aus der Dachklappe in Stellung gebracht werden. Danach können die eingeschlossenen Feuerwehrangehörigen die Fahrkabine nach oben über die Leiter verlassen. Bei überhohen Geschossen befindet sich im Fahrschacht eine fest angebrachte Leiter, mit der die Fahrschachttür erreicht werden kann. Ansonsten kommt man vom Fahrkorb direkt an die Fahrschachttür. Mittels eines Mechanismus an der Fahrschachttür kann diese von innen geöffnet werden.

Das Bild 48 zeigt die aufeinander folgenden Schritte des Ausstiegs aus einem Feuerwehraufzug. Der Notausstieg aus einem Feuerwehraufzug erfolgt nach oben in einen stärker gefährdeten Bereich. Der Trupp ist damit also noch nicht in Sicherheit.

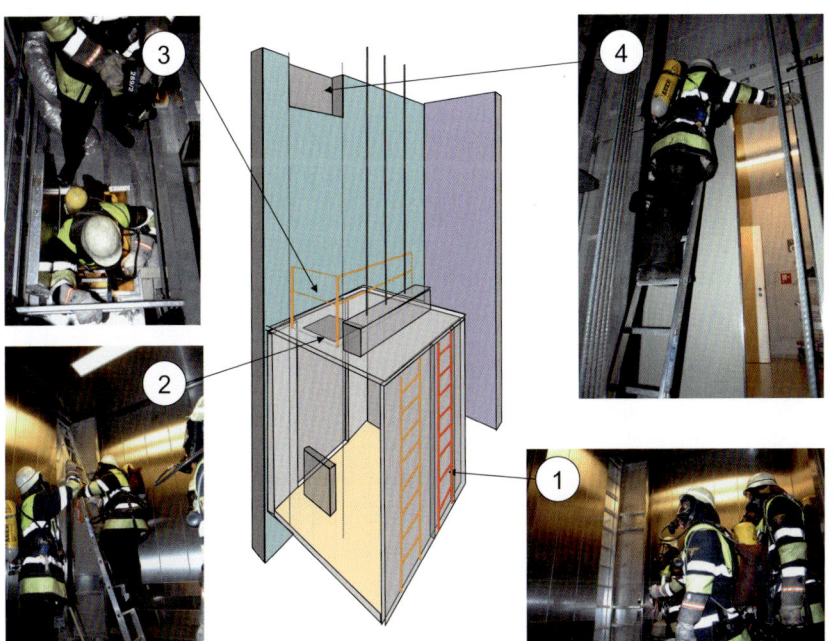

Bild 48: *Ausstieg aus einem Feuerwehraufzug (Grafik: Grünwald/von Kaufmann)*

6 Einsatzentwicklung

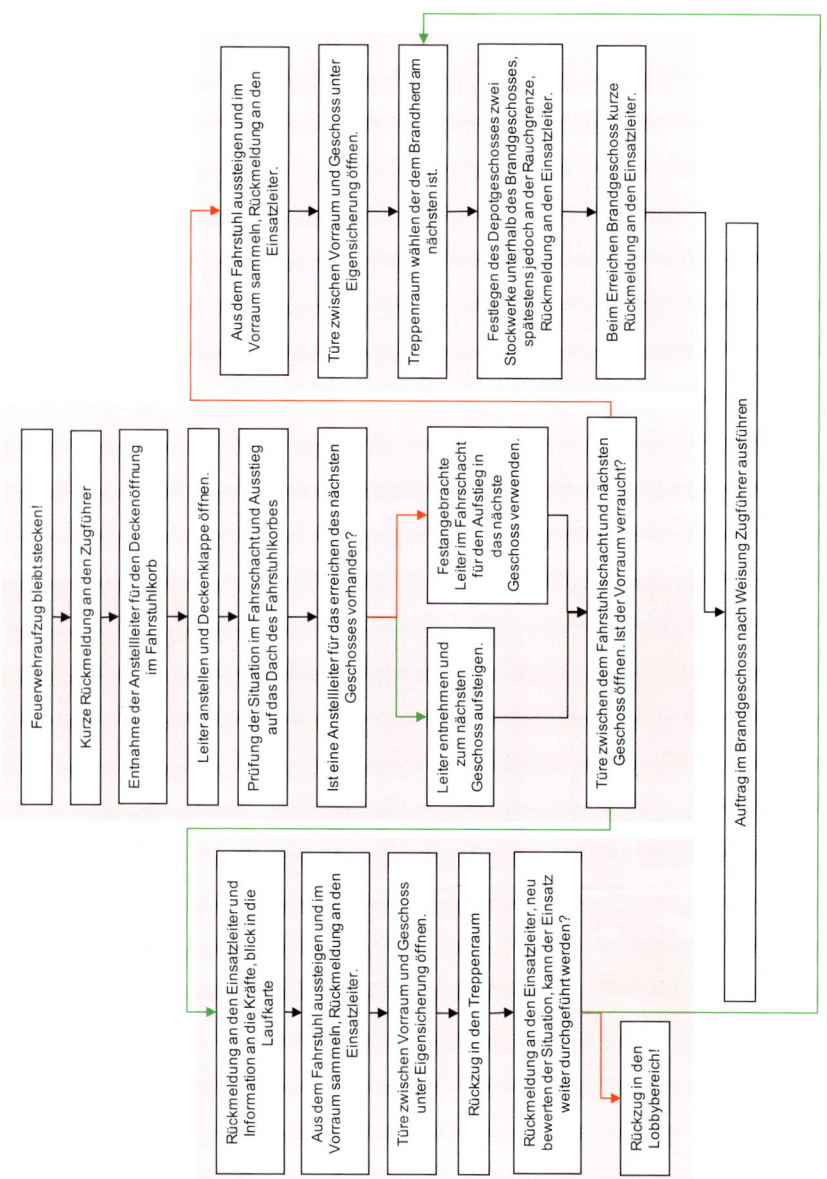

Bild 49: *Ablaufdiagramm der Selbstrettung aus einem Feuerwehraufzug (Grafik: Grünwald/von Kaufmann)*

6.1 Phase I: Stabilisierungsphase

Befindet er sich im Aufzugsvorraum, muss er weiterhin so handeln, als ob er sich im Brandgeschoss befinden würde. Das heißt er sollte die Tür zum Flur aus der Deckung heraus öffnen, eine Sicherung kann gegebenenfalls über den Wandhydranten erfolgen. Das Ablaufdiagramm im Bild 49 stellt die Selbstrettung aus einem Feuerwehraufzug dar.

Merke:
Der Feuerwehraufzug kann kein so sicherer Weg nach oben sein, wie es der notwendige Treppenraum ist. Der Trupp nähert sich der Rauchgrenze bzw. dem Feuer nicht so langsam an, wie wenn er die Treppe benutzen würde. Auch ein Feuerwehraufzug wird in jedem Fall ein unkalkulierbareres Risiko mit sich bringen, als der Aufstieg zu Fuß (Bryan, 1992; Demers, 1981).

Im Notfall muss der Trupp in der Lage sein, sich selbst retten zu können. Ein erster Zugriff, der im Feuerwehraufzug stecken bleibt, stellt eine Friktion dar, die den frühzeitigen Einsatzerfolg in Frage stellt. Der Zugführer wird seinen Einsatzschwerpunkt verlagern müssen, die Rettung der eigenen Kräfte steht im Vordergrund. Dabei ist ein Erreichen des Fahrkorbs von außen durch den Sicherheitstrupp fragwürdig. Steht der Aufzug an einer ungünstigen Stelle, wird die Ausstiegstür des Fahrstuhls – bedingt durch die Höhe der Decken- bzw. Bodenaufbauten – verdeckt. Ein Verfahren des Aufzugs bedingt unter Umständen auch das Aufsteigen in den Maschinenraum. Der im Aufzug festsitzende Trupp muss sich also stets selbst befreien können.

Die Kommunikation mit den eingeschlossenen Kräften kann sich schwierig gestalten. Verfügt der Aufzug entgegen der Norm über keine Sprechverbindung und funktioniert der Funk aufgrund der baulichen Struktur des Gebäudes nicht, kann der eingeschlossene Trupp auch nicht mehr auf sich aufmerksam machen. Der Einsatzleiter muss also das Zeitfenster im Auge behalten, das der Trupp benötigt, um das Brandgeschoss zu erreichen. Im Zweifelsfall muss der Sicherheitstrupp in jedem Geschoss an die Aufzugstür klopfen, um den eingeschlossenen Trupp zu finden.

Trotzdem – auch wenn Feuerwehraufzüge nicht die Sicherheit bieten, die Treppenräume haben, sollten sie im Einsatzfall benutzt werden. Der schnelle Zugriff steht hier im Vordergrund!

Der zweite Stoßtrupp geht oder fährt ebenfalls in das Depotgeschoss und stellt dort den Sicherheitstrupp für den ersten Stoßtrupp. Er darf keinesfalls zusammen mit dem ersten Stoßtrupp in das Depotgeschoss fahren, sonst verliert der Zugführer falls der Aufzug stecken bleibt auch die Einheit, die er noch einsetzen kann.

6 Einsatzentwicklung

6.1.1.2 Taktik »keine Brandbekämpfung«

Eine mögliche – wenn auch sehr selten angewendete – Taktik ist es, das Feuer nicht zu bekämpfen. Das kann dann der Fall sein, wenn sich eine große Personenanzahl oberhalb des Brandgeschosses befindet und Evakuierungsmaßnahmen dringend notwendig werden oder bereits am Laufen sind und ein Angriff der Feuerwehr deswegen nicht mehr möglich ist. Ziel der Maßnahmen muss es sein, die Treppenräume rauchfrei zu halten, damit sich die Menschen aus dem Gebäude retten können. Die Türen zum Brandgeschoss bleiben in diesem Fall grundsätzlich geschlossen! Diese Taktik wurde beispielsweise von der Feuerwehr New York beim Südturm des *World Trade Centers* angewandt, nachdem das zweite, von Terroristen entführte Flugzeug in den Turm Nummer 2 eingeschlagen ist. Statt einer Brandbekämpfung verschlossen die Feuerwehrleute alle Türen zu den Brandgeschossen und unterstützten die Evakuierungsmaßnahmen.

6.1.1.3 Feuermeldungen

Feuermeldungen sollten grundsätzlich wie bestätigte Feuer behandelt werden. Obwohl sich Feuermeldungen oft als Fehl- oder Täuschungsalarme herausstellen, muss deren Erkundung mit demselben Ernst betrieben werden, wie das Erkunden eines bestätigten Brandereignisses. Das Mitführen von umluftunabhängigen Atemschutzgeräten ist genauso Pflicht, wie die Mitnahme von Geräten zur Brandbekämpfung. Fehlende Ausrüstung bedingt, dass diese nachgeführt werden muss. Bei einem Brand in einem Hochhaus ist das ein nicht hinnehmbarer Zeitverlust, vor allem wenn eine Menschenrettung durchgeführt werden muss.

6.2 Phase II: Aufwuchsphase

Im Folgenden werden die Aufgaben des zweiten Löschzugs während der Aufwuchsphase dargestellt (siehe auch Bilder 50 und 51).

Zweiter Löschzug (Einsatzabschnitt Kontrolle)
Der Aufstellort des 2. Löschzuges wird – wenn er nicht im Einsatzplan definiert ist – vom Zugführer festgelegt. Von dort werden die Fahrzeuge bei Bedarf vom ersteingetroffenen Zugführer oder vom Einsatzführungsdienst angefordert. Auftrag des

6.2 Phase II: Aufwuchsphase

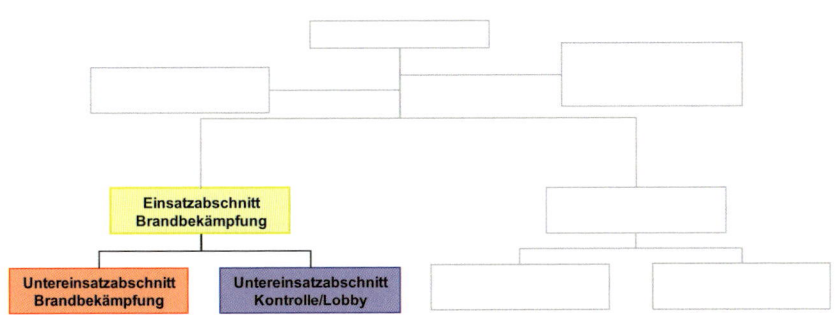

Bild 50: *Phase II »Aufwuchsphase« (Grafik: Grünwald/von Kaufmann)*

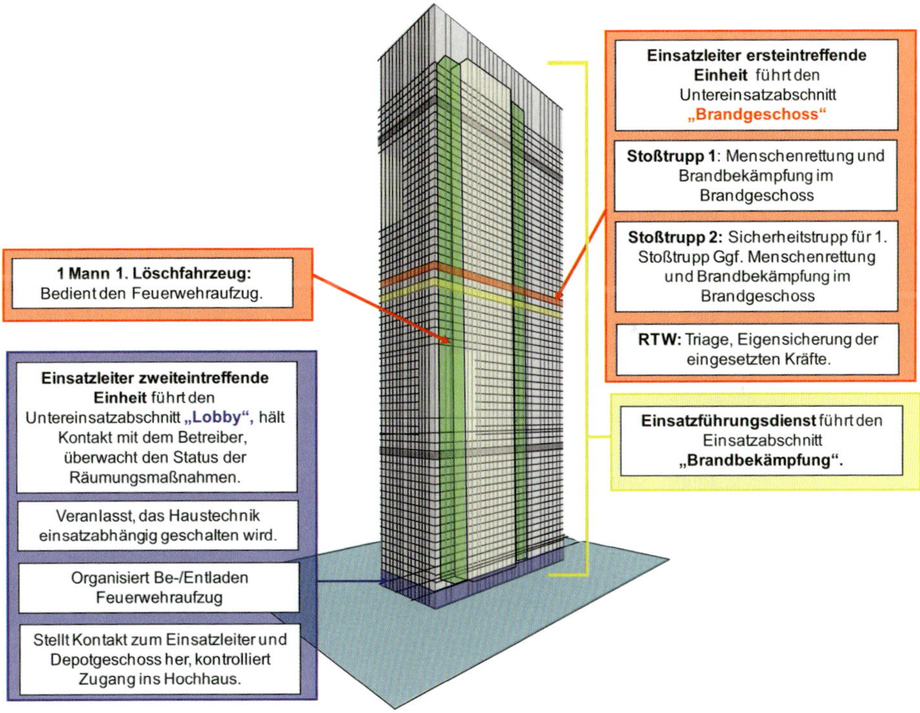

Bild 51: *Phase II am Beispiel eines Hochhausbrandes dargestellt (Grafik: Grünwald/von Kaufmann)*

2. Löschzuges ist die Erkundung, Menschenrettung und Brandbekämpfung im Geschoss direkt über dem Brandgeschoss sowie die Erkundung des Treppenraums ober- und unterhalb des Brandgeschosses.

- **Einsatzleitwagen (2. Löschzug)**
  Auftrag und Verantwortung: Der Zugführer nimmt Kontakt zum Einsatzleiter auf. Er leitet den Einsatz seines Zuges und ist dem Einsatzabschnitt Gefahrenabwehr zugeordnet. Er koordiniert die Kontrolle und Räumung des Gebäudes.
- **1. Löschfahrzeug (2. Löschzug)**
  Auftrag und Verantwortung: Der Stoßtrupp begibt sich in das Geschoss direkt über dem Brandgeschoss. Er erkundet und leitet – wenn notwendig – die Menschenrettung und die Brandbekämpfung ein. Der Stoßtruppführer befiehlt bei Nutzung des Feuerwehraufzugs nach Rücksprache mit dem Zugführer eine umfangreichere Ausrüstung für das Depot und meldet diesem, wenn das Depot bestückt ist. Seine Wasserversorgung stellt er bei Bedarf – wenn möglich – über die Löschwasseranlage »trocken« oder den Wandhydranten im Einsatzgeschoss sicher.
- **Drehleiter (2. Löschzug)**
  Auftrag und Verantwortung: Die Drehleiterbesatzung übernimmt die Atemschutzeinsatzführung vom Eingangsgeschoss aus.
- **2. Löschfahrzeug (2. Löschzug)**
  Auftrag und Verantwortung: Der Stoßtrupp erkundet die Treppenräume des Brandobjekts. Zuerst werden die Treppenräume bis zum Depotgeschoss erkundet und das Erkundungsergebnis unverzüglich dem Zugführer gemeldet. Anschließend werden die Geschosse oberhalb des Brandgeschosses erkundet. Sind mehrere Treppenräume vorhanden, kann sich der Stoßtrupp in einen Angriffstrupp und einen Unterstützungstrupp teilen. Seine Wasserversorgung stellt er bei Bedarf – wenn möglich – über die Löschwasseranlage »trocken« oder den Wandhydranten im Einsatzgeschoss sicher.
- **Einsatzführungsdienst (B-Dienst)**
  Auftrag und Verantwortung: Der Einsatzführungsdienst übernimmt den Einsatz vom Zugführer des ersten Löschzuges. Er leitet den Gesamteinsatz bis zum Eintreffen des A-Dienstes. Er ist an keinen festen Ort gebunden, hat seinen Standort aber so zu wählen, dass er in der Lage ist, sich einen Gesamtüberblick über den Einsatz zu verschaffen. Außerdem muss er für die anderen Organisationen und Behörden vor Ort erreichbar sein. Zu seinen Aufgaben gehört die Kontaktaufnahme zum Einsatzleiter »Polizei«

6.2 Phase II: Aufwuchsphase

und Einsatzleiter »Rettungsdienst« sowie zu den verantwortlichen Ansprechpartnern des Hochhauses, um weitere Maßnahmen abzusprechen. Der Einsatzführungsdienst stellt sicher, dass das Gebäude sobald wie möglich bis zum Depotgeschoss auf eventuelle Verrauchung oder weitere Brandherde untersucht wird.

6.2.1 Phase II im Ablauf

Die Aufwuchsphase dient dem gezielten Heranführen weiterer Kräfte und dem Vorbereiten der Offensive. Offensive Maßnahmen durchzuführen heißt auch, dass der Einsatzleiter die Möglichkeit hat, sich einer ändernden Lage stets anzupassen.

6.2.1.1 Erstes Absuchen des Gebäudes

In der Phase II wächst die Einsatzstelle auf. In erster Linie bedeutet dies, dass nun genügend Kräfte im Schwerpunkt eingesetzt werden können. Hierfür wird der Einsatzabschnitt »Brandbekämpfung« eingerichtet, der durch einen übergeordneten Einsatzführungsdienst (I-Dienst), beispielsweise einen B-Dienst, geführt wird. Hier werden zwei Löschzüge eingesetzt (der erste steht bereits im Einsatz). Der Zugführer des ersten Zuges kann – wenn er die Einsatzstelle dem Einsatzführungsdienst übergeben oder den zweiten Zugführer in die Lage eingewiesen hat – in das Depotgeschoss aufsteigen. Der zweite Zug bekommt den Auftrag, die Treppenräume abzusuchen und die Geschosse oberhalb des Brandgeschosses zu kontrollieren.

Neben der Brandbekämpfung muss nun ein systematisches Absuchen der Geschosse erfolgen. Dieses Absuchen teilt sich ebenfalls in drei Phasen. Dabei wird nach Dringlichkeiten in Abhängigkeit vom zur Verfügung stehenden Personal vorgegangen. In der ersten Phase erfolgt das Absuchen des Brandgeschosses. Sobald ausreichend Personal zur Verfügung steht, werden alle kritischen Punkte des Hochhauses abgesucht. Das sind die drei Geschosse ober- und unterhalb des Brandgeschosses, die Treppenräume sowie die drei obersten Geschosse. Somit sind alle Rückzugswege gesichert. Daneben müssen die Aufzüge kontrolliert werden. Personen in stecken gebliebenen Aufzügen müssen unbedingt befreit werden. Wichtig sind auch Räume, bei denen es Hinweise auf Rauchansammlungen gibt, beispielsweise Müll- oder Wäscheschächte. Den Schwerpunkt sollten dabei die Örtlichkeiten bilden, wo sich Personen in unmittelbarer Gefahr befinden könnten.

In der dritten Phase werden alle weiteren Geschosse abgesucht. Somit kann ausgeschlossen werden, dass sich irgendwo Rauch oder Feuer ausbreitet, was zu einer unkontrollierten Lageausbreitung beiträgt. Es versteht sich von selbst, dass die Absuche in regelmäßigen Abständen bzw. bei einer wesentlichen Lageänderung oder neuen Erkenntnissen wiederholt wird.

6.2.1.2 Aufbauen von Strukturen, Gliederung der Einsatzstelle

Zeitgleich wird die Einsatzstelle in die Tiefe gegliedert. Das heißt, dass Bereitstellungsräume eingerichtet werden und eine gemeinsame Einsatzleitung gebildet wird.

6.2.1.3 Bilden von Reserven

Mit dem Füllen der Bereitstellungsräume stehen dem Einsatzleiter Reserven zur Verfügung. Reserven sind das wichtigste, oft letzte Mittel des Einsatzleiters, den Verlauf des Einsatzes entscheidend zu beeinflussen. Sie werden eingesetzt, um die Entscheidung zu erzwingen, den Schwerpunkt zu verlagern oder kritische Situationen zu überwinden. Der Einsatz der Reserve kann dazu dienen, die Initiative zu behalten oder zurück zu gewinnen. Reserven sind Einsatzkräfte, die ohne taktischen Auftrag bereitgehalten werden. Sie können aber auch Führungs- und Einsatzmittel sein (Schmid, 2007). Die Lage verbietet eine Reservebildung vor allem dann, wenn zu wenig Kräfte für die erforderlichen Maßnahmen vor Ort sind und gleichzeitig ein hoher Zeitdruck herrscht, beispielsweise bei einer aufwändigen Menschenrettung aus einem völlig verrauchten Brandgeschoss. Deshalb muss eine feste Regel lauten, dass zumindest in der Anfangsphase einer Sofortlage auf die Reservebildung ver-

6.2 Phase II: Aufwuchsphase

zichtet wird, wenngleich sie im Anschluss so bald wie möglich anzustreben ist! Zur Stärkebemessung einer Reserve gelten folgende Anhaltswerte:

- **starke Reserve:** mehr als 1/3 der Gesamtkräfte,
- **normale Reserve:** zwischen 1/3 und 1/6 der Gesamtkräfte,
- **schwache Reserve:** weniger als 1/6 der Gesamtkräfte.

Im Durchschnitt sollte mit einer Einsatzzeit der Stoßtrupps von 15 bis maximal 20 Minuten gerechnet werden. Die Trupps müssen also schon nach relativ kurzer Zeit abgelöst werden. Hier bietet sich ein Rotationssystem an, dass ein ständiges Austauschen der Trupps ermöglicht. Dafür muss für einen Stoßtrupp, der im Einsatz ist, stets ein zweiter zur Verfügung stehen, ein dritter bereitet sich auf den Einsatz vor (Aufstieg, Ausrüsten, Herstellen der Einsatzbereitschaft). Der Stoßtrupp, der in Bereitstellung ist, muss bereits den Sicherheitstrupp stellen, was er aber nur dann kann, wenn er nicht schon selbst im Einsatz war (verschwitzte und nasse Kleidung, Erschöpfung). Es herrscht also eine ständige Bewegung zwischen den Aufstellflächen der Fahrzeuge, dem Brandgeschoss und dem Depotgeschoss (Erholung). Geht man von der Stoßtrupptaktik aus, so benötigt man 15 Feuerwehrangehörige für ein eingesetztes Strahlrohr (englische Quellen gehen von 12 bis 15 Einsatzkräften aus, das wird auch durch die Einsatzbeispiele bestätigt) (Grimwood, 2008). Hinzu kommt eine Vielzahl von anderen Aufgaben, die parallel abgearbeitet werden müssen.

Zur Wahl des Abrufplatzes der Reserve ist anzumerken, dass er vom Einsatzgeschehen soweit abgesetzt sein muss, dass die Reserve nicht vorzeitig und unbeabsichtigt in Einsatzhandlungen verwickelt wird. Er sollte jedoch möglichst nahe an erwarteten Brennpunkten liegen, damit die Reserve bei Änderungen der Lage in kürzester Zeit zum Einsatz kommen kann. Reserven werden nicht nur durch die Gesamteinsatzleitung gebildet, sie werden auch durch wesentlich kleinere Organisationseinheiten angelegt. Im Depotgeschoss ist eine der ersten Reserven der Sicherheitstrupp für den eingesetzten Trupp. Somit werden sich bei einem Hochhausbrand nicht nur im Depotgeschoss Reserven finden, sondern auch in den Bereitstellungsräumen, die von der Gesamteinsatzleitung angelegt werden. Der Reserve dürfen keine anderen Aufgaben – und seien sie noch so belanglos – zugewiesen werden. Dies wäre ein schwerer taktischer Fehler. Reserven sind jedoch immer über die aktuelle Lage auf dem Laufenden zu halten, um bei Bedarf ohne weiteren Zeitverzug eingesetzt werden zu können. Ein selbstständiger Einsatz der Reserve kann nur im Ausnahmefall zum Tragen kommen, wenn die Lage sich grundlegend geändert hat, sofortiges Handeln erforderlich wird und die Verbindung zum übergeordneten Einsatzleiter abgerissen ist.

6 Einsatzentwicklung

> **Merke:**
> Die Einsatzleitung bei einem Hochhausbrand erfordert ein hohes Maß an beweglicher Führung. Mit Beweglichkeit ist in erster Linie die Fähigkeit aller Führer gemeint, sich an ändernde Lagen anpassen zu können. Auch der Schwerpunkt kann sich schnell verschieben. Stehen ausreichende Reserven zur Verfügung, kann der Einsatzleiter schnell und effektiv auf das Geschehen reagieren.

6.2.1.4 Einsatzbeispiel Plaza-Building, Philadelphia

Am 23. Februar 1991 brach im 22. Obergeschoss des Hochhauses am Meridian Placa Nummer 1 in Philadelphia ein Brand aus, welcher mehr als 19 Stunden im Gebäude wütete (Routley et al., 1991). Das Feuer kostete drei Feuerwehrangehörige das Leben, weitere 24 Feuerwehrangehörige und ein Zivilist wurden verletzt. Insgesamt waren mehr als 300 Einsatzkräfte der Feuerwehr mit 51 Löschfahrzeugen, 15 Hubrettungsfahrzeugen und 11 Sonderfahrzeugen im Einsatz. Bei dem Gebäude handelte es sich um ein 38-geschossiges Hochhaus in der Innenstadt von Philadelphia. Das *One Meridian Plaza* (1999 abgerissen) bestand aus 36 oberirdischen Geschossen, zwei Technikgeschossen im 12. und 38. Obergeschoss sowie einem Hubschrauberlandeplatz auf dem Dach. Das Hochhaus hatte eine Breite von 74 Meter und eine Tiefe von 28 Meter bei einer Nettonutzfläche von 518 m² in den Regelgeschossen (Bild 52). Es wurde im Jahr 1973 fertig gestellt und in Anlehnung an die amerikanische »BOCA Type 1B Construction« errichtet, was bedeutet, dass die tragenden Teile eine Feuerwiderstandsfähigkeit von drei Stunden haben mussten, die Schächte, einschließlich der notwendigen Treppen, eine Feuerwiderstandsfähigkeit von zwei Stunden, ebenso die Decken und Deckenträger. Die Wände der notwendigen Flure und die Abtrennungen der Nutzungseinheiten mussten eine Feuerwiderstandsfähigkeit von einer Stunde aufweisen.

Die tragende Konstruktion des Gebäudes war eine Stahlskelettkonstruktion mit Stahlbetondecken. Alle Stahlkonstruktionen und Deckenbauteile wurden mit einem Brandschutzputz besprüht. Die Haut des Gebäudes bestand aus einer Vorhangfassade aus Granitplatten mit Fenstern, die an den Balken der Decken befestigt waren.

Das *Plaza-Building* war mit einem klassischen Innenkern für die Erschließung des Gebäudes errichtet worden, dieser lag mit einer Seite allerdings an der Südfassade. Der Erschließungskern hatte eine Länge von 37 Meter und eine Breite von 11 Meter. Im Kern befanden sich zwei Erschließungstreppenräume, vier Aufzugsschächte mit

6.2 Phase II: Aufwuchsphase

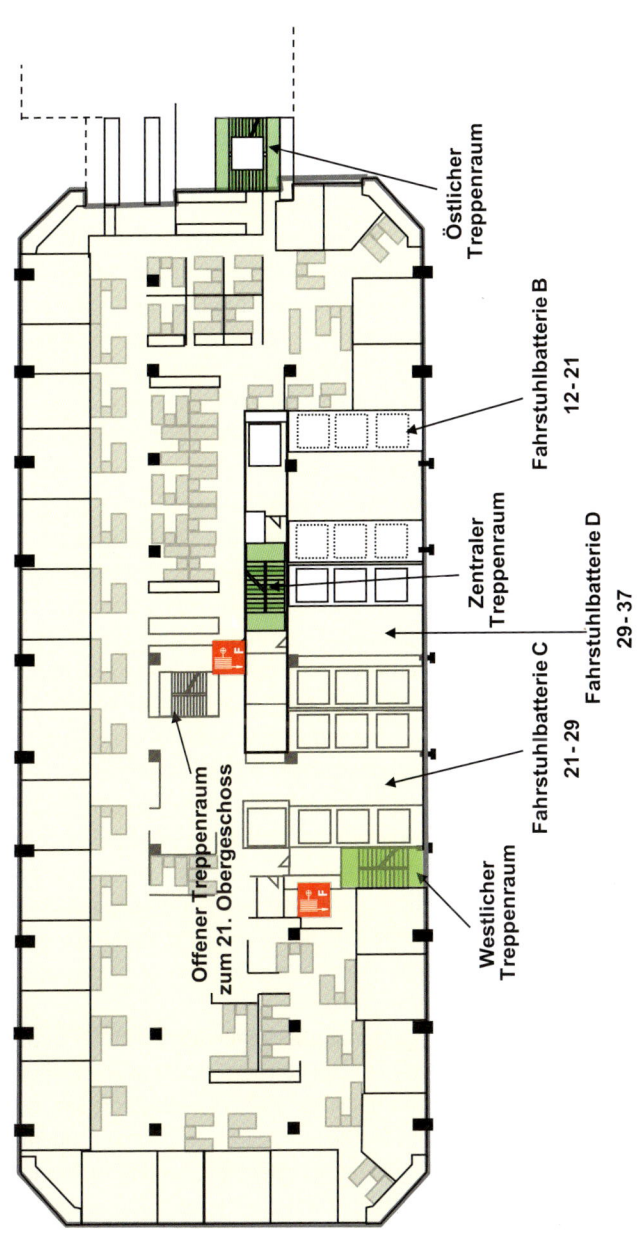

Bild 52: *Grundriss des Brandausbruchsgeschosses (Grafik: Grünwald/von Kaufmann)*

6 Einsatzentwicklung

jeweils mehreren Aufzügen, zudem Versorgungsschächte und die Infrastruktur des Gebäudes wie Toilettenanlagen und Elekroräume. Das Hochhaus verfügte über insgesamt drei notwendige Treppenräume, welche das gesamte Gebäude erschlossen. Die beiden Treppenräume im Kern verfügten über eine Steigleitung. Die Treppenräume waren an mehreren Stellen von Versorgungsleitungen durchbrochen. Diese wurden nicht durch Brandschutzklappen abgesichert. Die Aufzugsbatterien versorgten unterschiedliche Geschosse, keine erschloss alle Geschosse. Als Aufzüge für die oberen Geschosse dienten so genannte Schnellläufer. Die Wände der Aufzugsschächte waren aus Stahlbeton, ihren oberen Abschluss bildete der Maschinenraum. Die Vorräume der Aufzüge wurden durch Rauchmelder überwacht, die Aufzüge bei Auslösung des Melders ins Erdgeschoss zurückgeholt.

Die Klimatechnik war in den beiden Technikgeschossen im 12. und 38. Obergeschoss untergebracht. Die temperierte Luft wurde in die Nutzungseinheiten geblasen und auch wieder abgesogen. Die Versorgung der Toiletten wurde über Schächte sichergestellt, die so eingebaut wurden, dass der Platz zwischen den Wänden ausgenutzt werden konnte. Die Schächte selbst waren zwischen den Geschossen jedoch nicht ausreichend gegen eine Brandausbreitung abgeschottet. Das *Plaza-Building* verfügte über eine Notstromversorgung. Diese war so eingerichtet, dass sie bei einem Ausfall der Regelversorgung sofort Strom einspeiste. Ein Probelauf sollte wöchentlich stattfinden. Die Untersuchung nach dem Brand ergab, dass der letzte Probelauf fünf Wochen zurücklag. Zudem gab es Schwierigkeiten beim Anlaufen des Notstromaggregats. Das Hochhaus verfügte über eine interne Brandmeldeanlage. Wandhydranten mit 30 Meter langen Schläuchen und Strahlrohren wurden über die Hauswasserversorgung gespeist, in jedem Geschoss waren Feuerlöscher vorhanden und es gab die zuvor beschriebenen trockenen Steigleitungen. Aufgrund von Änderungen der lokalen Vorschriften wurde der Brandschutz in den vergangenen Jahren stetig verbessert. Diese Maßnahmen bezogen sich besonders auf das Ausschildern der Flucht und Rettungswege sowie deren Überwachung durch Rauchmelder. Zudem wurden auch die Versorgungsschächte mit Meldern ausgestattet.

Die trockenen Steigleitungen verfügten auf jedem Geschoss über einen Abgang und waren mit Feuerwehrschläuchen bestückt. Eine Druckerhöhungsanlage mit zwei elektrischen Pumpen ermöglichte eine Wasserversorgung der Steigleitungen mit 3 300 Litern in der Minute. Die Steigleitungen konnten zudem durch die Feuerwehr eingespeist werden. Ferner gab es einen Plan, der die Errichtung einer Sprinkleranlage in allen Geschossen vorsah. Dieser sollte bis 1993 umgesetzt sein. Zur Zeit der Errichtung des Gebäudes war dieses nur in den Servicegeschossen mit Sprinklern ausgestattet. Im Zuge der Renovierung der einzelnen Geschosse sollten diese nach

6.2 Phase II: Aufwuchsphase

und nach mit Sprinklern ausgerüstet werden. Als der Brand ausbrach, waren bereits die Servicegeschosse, das 11. und 15. Obergeschoss, das 30. und 31. Obergeschoss sowie das 34., 35. Und 37. Obergeschoss mit Sprinklern ausgestattet.

Einsatzverlauf

Am 23. Februar 1991 löste um 20.23 Uhr ein Rauchmelder im 22. Obergeschoss des *Plaza-Buildings* aus. Es wird vermutet, dass es sich um einen Rauchmelder im Ansaugbereich des Abluftschachtes in der Nord-West-Ecke des Gebäudes gehandelt haben könnte. Zu diesem Zeitpunkt befanden sich ein Ingenieur und zwei Personen des Sicherheitspersonals im Gebäude. Der Sicherheitsingenieur machte sich daraufhin mittels Aufzug auf den Weg in das Brandgeschoss. Zudem liefen die internen Alarmierungsstrukturen des Sicherheitsdienstes an. Die Alarmierung der Feuerwehr wurde dabei jedoch nicht berücksichtigt. Als sich die Aufzugstüren im Brandgeschoss öffneten, drang schwarzer Rauch in den Aufzug ein und blockierte die Türschließer, sodass der Ingenieur im Aufzug gefangen war. Er schaffte es allerdings, über ein Handsprechfunkgerät den Sicherheitsdienst um Hilfe zu rufen. Dieser konnte den Aufzug über die Vorrangschaltung der Feuerwehr wieder in das Erdgeschoss zurückholen.

Der zweite Sicherheitsmann befand sich zu diesem Zeitpunkt im 30. Obergeschoss in der Annahme, es handle sich um einen Sicherheitsalarm. Er hörte die Hilferufe des Ingenieurs über Funk und begriff erst dann, dass es sich um einen Brand im 22. Obergeschoss handelte. Er lief über den Treppenraum nach unten und berichtete, dass sich dieser auf der Höhe des 22. Obergeschosses mit Rauch füllt. Der Ingenieur und die beiden Angehörigen des Sicherheitsdienstes trafen sich vor dem Gebäude und meldeten an die Zentrale des Sicherheitsdienstes, dass es sich tatsächlich um einen Brand im 22. Obergeschoss handelt. Erst jetzt stellten sie fest, dass noch niemand die Feuerwehr alarmiert hatte!

Der erste Notruf kam von einem Passanten über ein öffentliches Telefon, der über Rauch aus einem großen Gebäude berichtete, aber nicht in der Lage war, eine genaue Adresse anzugeben. Noch während der Notrufabfrage erreichte die Leitstelle um 20.27 Uhr der Anruf der Zentrale des Sicherheitsdienstes mit der Bestätigung des Brandes im *Plaza-Building*. Die Leitstelle löste sofort Alarm für vier Löschfahrzeuge, zwei Hubrettungsfahrzeuge und zwei Bataillon Chiefs aus. Das ersteintreffende Löschfahrzeug setzte um 20.31 Uhr eine erste Rückmeldung ab und berichtete, dass ungefähr in der Mitte des Gebäudes Rauch und offenes Feuer aus einem Fenster zu sehen sind.

6 Einsatzentwicklung

Exkurs: Hochhauskonzept der Feuerwehr Philadelphia
Die Feuerwehr Philadelphia definiert einen Hochhausbrand wie folgt (Routley et al., 1991): »… Ein Hochhausbrand ist dann gegeben, wenn es nicht möglich ist, das Gebäude zu räumen und ein initialer Angriff durchgeführt werden muss, mit dem Ziel, das Feuer in der Entstehungsphase zu bekämpfen, bedingt durch die Höhe und Struktur des Gebäudes. Charakteristika sind:

- Teile des Gebäudes sind nicht mit Hubrettungsfahrzeugen zu erreichen,
- die Möglichkeit eines Kamineffekts im Gebäude,
- keine hinnehmbaren Evakuierungszeiten. (…)«

Dies bedeutet: Eine Einsatzleitung ist grundsätzlich einzurichten. Der beste Ort dafür ist der Eingangsbereich oder der zentrale Desk der Gebäudesicherheit und/oder Technik. Dort werden wichtige Informationen abgefragt wie Stockwerkspläne, Telefonnummern von Personen mit Schlüsselfunktionen, anwesende Personen im Gebäude und besondere Vorfälle, die einen Einfluss auf den Einsatz haben könnten. Zudem können auch technische Informationen über Aufzüge und Klimatechnik abgefragt und eingesteuert werden. Der Gesamteinsatz wird von diesem Ort aus in enger Verbindung zur taktischen Einsatzleitung gelenkt. Die taktische Einsatzleitung wählt den Ort, von welchem sich der Einsatz am besten lenken lässt. Dies ist in der Regel im Geschoss unterhalb des Feuers oder wo es die örtlichen Umstände zulassen. Bei der Erkundung durch den Leiter der taktischen Einsatzleitung spricht dieser diese Maßnahmen mit der Einsatzleitung in der Lobby und den in seinem Abschnitt eingesetzten Kräften ab.

Depotgeschoss
Das Depotgeschoss (Staging-Area) wird in unmittelbarer Nähe zur taktischen Einsatzleitung eingerichtet. Es wird mit Material zur Brandbekämpfung und Ersten Hilfe bestückt. Der Einsatz der Kräfte und des Materials wird von hier ausgeführt.

Standard-Einsatz
Die ersteintreffende Einheit hat eine sofortige Rückmeldung abzusetzen. Es wird darauf hingewiesen, dass Hochhäuser sehr robust errichtet sind, deswegen deutet ein von unten sichtbares Feuer auf einen größeren Brand hin. Es ist unverzüglich mit dem Einsatz zu beginnen und – wenn notwendig – Hilfe nachzufordern. Informationen über das Gebäude können über die Einsatzleitung in der Lobby abgefragt werden. Die ersteintreffenden Fahrzeuge beginnen mit den Brandbekämpfungs- oder Sprinkleroperationen nach dem Standard der Feuerwehr Philadelphia. Sollte noch kein Bataillon Chief vor Ort sein, wird ein Mann in der Lobby zurückgelassen.

6.2 Phase II: Aufwuchsphase

Der ersteintreffende Bataillon Chief legt den Platz der Einsatzleitung im Bereich der Lobby fest und besetzt diesen durch einen Mann. Dann begibt er sich in Richtung des Brandgeschosses und erkundet den Ort für die taktische Einsatzleitung. Der zweiteintreffende Bataillon Chief besetzt die Einsatzleitung in der Lobby. Er unterstützt die taktische Einsatzleitung und die Gesamteinsatzleitung und setzt in Absprache mit der taktischen Einsatzleitung die eintreffenden Einheiten ein. Alle weiteren eintreffenden Einheiten gehen in Bereitschaft und melden sich in der Lobby.

Ausrüstung

Die Trupps dürfen bei einem vermuteten Hochhausbrand nicht ohne entsprechende Ausrüstung aufsteigen. Neben der Brandbekämpfung ist aufgrund der Rauchentwicklung mit schlechten Sichtverhältnissen zu rechnen. Ebenso muss damit gerechnet werden, dass Zugänge aufzubrechen sind. Die Ausrüstung eines Löschfahrzeugs hat somit mindestens Folgendes zu umfassen:

- Übergangsstücke für die Steigleitungen der verschiedenen Gebäude,
- drei Längen I-3/4"-Schlauch mit Strahlrohr,
- ein Absperrschieber oder »Verteiler«,
- Führungsleine.

Jede Aktion sollte darauf ausgerichtet sein, die Nutzbarkeit der Treppenräume zu erhalten, da diese die hauptsächlichen Fluchtwege darstellen. Türen zu den Treppenräumen sollten deswegen nicht unnötig offen gehalten werden, damit Rauch und Wärme nicht in den Treppenraum eindringen können. Wird der Treppenraum für den Zugang zum Brandgeschoss benutzt, muss vorher abgewägt werden, ob er der für die Maßnahme jeweils günstigste ist.

Die Lage und der Standort der Aufzüge sollten schon in einer frühen Phase des Einsatzes bekannt sein, da Personen in stecken gebliebenen Aufzügen gefangen sein könnten. Es müssen alle Anstrengungen unternommen werden, diese aus den Aufzügen zu befreien. Der Schlüssel für die Vorrangschaltung ist beim Sicherheitspersonal hinterlegt. Für die Feuerwehr sind die Lastenaufzüge am besten geeignet, da sie eine ausreichende Fläche bieten und hohe Lasten transportieren können. Sie erschließen außerdem jedes Geschoss. Aufzugsbatterien, die nicht unmittelbar vom Feuer betroffen sind, sollten bevorzugt werden. Gibt es irgendeinen Zweifel bezüglich der Sicherheit bei der Verwendung der Aufzüge, sollte die notwendige Treppe benutzt werden. Das Sicherheitspersonal kann in der Lage sein, durch Steuern der Lüftungsanlage für ein Ausstoßen des Rauches zu sorgen. Sollte das Personal dazu nicht in der Lage sein, müssen Lüftungs- und Klimaanlagen abgeschaltet werden, um eine Rauchausbreitung zu vermeiden.

Rauchmelder können bei der Kontrolle der Entrauchungsmaßnahmen von großem Nutzen sein, ebenso wie Fenster, die über eine Entlüftungsfunktion in geöffneten Zustand gefahren werden. Das Einschlagen der Fenster beim Hochhausbrand stellt ein extremes Risikopotenzial dar, da die Scherben aus großer Höhe sehr weit fliegen können und ernsthafte Verletzungen bei Passanten und Feuerwehrpersonal verursachen. Das Einschlagen der Fensterscheiben muss somit die absolut letzte Alternative darstellen.

Der Gebäudebetreiber hat die Verantwortung für die Erstellung von Evakuierungsplänen in Absprache mit der Feuerwehr. Der Brandschutzbeauftragte stellt sicher, dass entsprechende Bereiche geräumt sind, und wenn es die Umstände erfordern, eine Evakuierung des Gebäudes vor dem Eintreffen der Feuerwehr Philadelphia erfolgt. In Gebäuden mit zwei oder mehr Sicherheitstreppenräumen halten sich die Gebäudeinsassen im Brandfall bereit für die Räumung und folgen den Anweisungen. Sie verlassen das Gebäude über die Sicherheitstreppenräume auf Aufforderung der Feuerwehr. Sind in dem Gebäude so viele Personen, dass eine gleichzeitige Evakuierung nicht möglich ist, so wird erst das Brandgeschoss, dann die beiden Geschosse oberhalb des Brandgeschosses geräumt. Bei Gebäuden mit nur einem Sicherheitstreppenraum oder notwendigen Treppen wird eine sofortige Räumung durch den Brandschutzbeauftragten durchgeführt. ...

Phase I (Stabilisierung)
Während ein Bataillon-Chief die Lobby besetzte, stellte der andere Bataillon-Chief die Kräfte für den ersten Zugriff zusammen. Der Bataillon-Chief führte das Erstzugriffsteam zu den Aufzügen ins 11. Obergeschoss, von dort aus sollte zu Fuß weiter aufgestiegen werden. Kurz nachdem das Team im 11. Obergeschoss angekommen war, kam es aufgrund der Brandeinwirkung im 22. Obergeschoss auf den Elektroverteilungsraum zu einem Kurzschluss. Der Stromversorger für die Notstromversorgung sprang aufgrund eines Defekts nicht mehr an, sodass auch das redundante System ausfiel.

Der Stromausfall zog sich über den gesamten Einsatz hin, trotz verschiedener Bemühungen, die Regelversorgung oder den Stromerzeuger wieder in Betrieb zu nehmen. Der Komplettausfall der Stromversorgung hatte einen entscheidenden Einfluss auf alle weiteren Maßnahmen. Alles musste nun in völliger Dunkelheit durchgeführt werden. Als einziges Beleuchtungsmittel standen den Feuerwehrleuten ihre Handscheinwerfer zur Verfügung.

Ein weiteres Problem war, dass auch die Aufzüge ausgefallen sind. Das gesamte Material für das im 20. Obergeschoss eingerichtete Depotgeschoss musste per Hand herangeschafft werden. Zudem waren die ablösenden Trupps bereits durch den

6.2 Phase II: Aufwuchsphase

Aufstieg ermüdet, sodass sie nicht mit vollem Einsatzwert zur Verfügung standen. Auch dieses Problem konnte über den gesamten Einsatz nicht behoben werden. Als die Erstzugriffseinheit im 22. Obergeschoss ankam, bemerkte sie Rauch im Treppenraum. Die Tür vom Treppenraum zum Geschoss war verzerrt und auf dem Türblatt bildeten sich bereits Blasen. Durch das mit Drahtglas versehene Fenster in der Tür konnte man einen ausgedehnten Brand erkennen.

Vom Abgang der Steigleitung im darunter liegenden Geschoss wurde eine Schlauchleitung nach oben gezogen und das Feuer durch das Fenster bekämpft, während die Besatzung des Hubrettungsfahrzeugs versuchte, die Tür zu öffnen, was nach geraumer Zeit auch gelang. Die Trupps waren allerdings nicht in der Lage, in das 22. Obergeschoss vorzudringen, da die Wärmeentwicklung zu groß war und der Druck der Schlauchleitung nicht ausreichte. Zum 21. Obergeschoss wurde ebenfalls die Tür geöffnet. Der vorgehende Trupp konnte in das Geschoss vordringen und über eine offene interne Verbindungstreppe zwischen den beiden Geschossen das Feuer im 22. Obergeschoss beobachten. Auch hier scheiterte der Versuch der Brandbekämpfung aufgrund des unzureichenden Drucks der Steigleitung. Die taktische Einsatzleitung wurde im 21. Obergeschoss eingerichtet, das Depotgeschoss im 20. Obergeschoss.

Phase II (Aufwuchsphase)
Zwischenzeitlich wurde der Bereich um das Gebäude geräumt und eine Wasserversorgung zur Einspeisung der Steigleitung vorbereitet. Plötzlich konnte eine schnelle Brandausbreitung im Bereich um die Brandausbruchsstelle beobachtet werden. Das Feuer schlug aus mehreren Geschossfenstern nach oben auf das darüberliegende Geschoss. Sofort wurden entsprechende Einsatzmittel für einen ausgedehnten Hochhausbrand und einen entsprechend aufwändigen Feuerwehreinsatz nachalarmiert. Mit der zunehmenden Intensität des Feuers im 22. Obergeschoss kam es zu einer horizontalen Ausbreitung des Brandes, begünstigt durch die unzureichenden oder fehlenden Feuerabschlüsse im Geschoss.

Probleme bei der Wasserversorgung entstanden deshalb, weil der Arbeitsdruck und die Durchflussmenge der bei der Feuerwehr Philadelphia eingesetzten Hohlstrahlrohre höher waren, als der Druck und die Durchflussmenge der Steigleitungen. Versuche, den Druck in den Steigleitungen durch das Vorschalten von mehreren Fahrzeugpumpen zu erhöhen, wurden durch den unsachgemäßen Einbau der Ventile an den Entnahmestellen vereitelt. Somit wurden die vorgehenden Trupps in die Defensive gedrängt und konnten nicht in die Brandgeschosse vordringen. Das Feuer konnte sich somit in den folgenden Stunden über das 23. in das 24. Obergeschoss ausbreiten.

Durch das Öffnen der Türen zu den Brandgeschossen breitete sich dicker schwarzer Rauch zum Treppenraum hin aus. Um die Situation zu verbessern, wurde der Trupp des Löschfahrzeuges 11 damit beauftragt, eine Entlüftungsöffnung an oberster Stelle des Gebäudes zu schaffen, um so den Rauch ableiten zu können. Zwei Feuerwehrleute und der Captain stiegen auf. Sie setzten kurz darauf eine Rückmeldung ab, dass sie den Zugang zum Treppenraum verloren und sich im 30. Obergeschoss verlaufen hätten. Kurze Zeit später wurde bei der Einsatzleitung vom Captain des Löschfahrzeugs 11 angefragt, ob ein Fenster für Entlüftungsmaßnahmen eingeschlagen werden dürfte. Einen Moment später kam der Funkspruch eines Truppmanns des Löschfahrzeugs 11 »*The Captain is down!*«

Die Erlaubnis zum Einschlagen der Fenster wurde sofort erteilt, zudem wurden Rettungsmannschaften in Bewegung gesetzt und ein Hubschrauber angefordert, um ein Rettungsteam auf dem Hochhausdach abzusetzen. Die Rettungsmannschaften konnten in das stark verrauchte 30. Obergeschoss eindringen und suchten es erfolglos nach den vermissten Feuerwehrleuten ab. Danach wurde das darüberliegende Geschoss durchsucht. Ein achtköpfiges Rettungsteam verlief sich in dem Technikgeschoss im 38. Obergeschoss. Der Luftvorrat wurde aufgebraucht bei dem Versuch, einen Zugang zum Dach zu finden. Das Team wurde durch das per Hubschrauber angelandete Rettungsteam gerettet. Es wurden noch weitere Versuche unternommen, mit dem Hubschrauber auf dem Dach zu landen, was aufgrund der Thermik und der starken Rauchentwicklung aber nicht mehr möglich war. Man entschied sich daraufhin, die Fassade mit dem Suchscheinwerfer des Hubschraubers abzuleuchten. Dessen Besatzung entdeckte um 1.17 Uhr im 28. Obergeschoss eingeschlagene Fenster in der Süd-Ost-Ecke des Gebäudes, an einer Stelle, die von der Straße aus nicht einsehbar war. Um 2.15 Uhr wurden die vermissten Feuerwehrleute unmittelbar im Bereich hinter den eingeschlagenen Fenstern durch einen weiteren Rettungstrupp gefunden. Zu diesem Zeitpunkt brannte das Feuer bereits im 24. und 25. Obergeschoss und war im Begriff, auf das 26. Obergeschoss überzuspringen. Die Besatzung des Löschfahrzeugs 11 wurde an den Triageplatz im 20. Obergeschoss gebracht. Wiederbelebungsmaßnahmen wurden unverzüglich eingeleitet – letztendlich jedoch erfolglos. Seit dem Absetzen des ersten Notrufs waren mehr als vier Stunden vergangen. Der Trupp des Löschfahrzeugs 11 war mit voller Ausrüstung und gefüllten Atemluftflaschen sowie umfangreichen Geräten aufgestiegen. Todesursache war eine Rauchgasintoxikation. Verursacht wurde der Unfall u. a. auch aufgrund des Erschöpfungsgrades durch den langen Aufstieg sowie die starke Verrauchung im 28. Obergeschoss, die den Feuerwehrleuten die Orientierung nahm.

6.2 Phase II: Aufwuchsphase

Phase III (Offensive)
Um die nach wie vor schlechte Wasserversorgung zu verbessern, wurde der Entschluss getroffen, eine 5-Inch-Schlauchleitung den Treppenraum hinauf zur Versorgung der Angriffsleitungen zu verlegen. Die erste Schlauchleitung wurde über den westlichen Treppenraum bis in das 22. Obergeschoss verlegt und um 2.15 Uhr in Betrieb genommen – sechs Stunden nach dem Brandausbruch! Um 2.21 Uhr wurde ein zwölfter Alarm ausgelöst, damit genügend Personal vor Ort war, um eine zweite Schlauchleitung verlegen zu können. Um 4.44 Uhr wurde eine dritte Schlauchleitung im östlichen Treppenraum verlegt. Das Verlegen wurde allerdings im 17. Obergeschoss um 6.00 Uhr abgebrochen. Zwischenzeitlich war ein Mitarbeiter einer Sprinklerfirma eingetroffen, der durch gezielte Maßnahmen den Druck der Sprinkler im 30. Obergeschoss so steigern konnte, dass eine Ausbreitung des Feuers in die Geschosse oberhalb des 30. Obergeschosses verhindert werden konnte.

Die Brandbekämpfungsmaßnahmen im Gebäude hielten bereits über elf Stunden an! Inzwischen wurde in Betracht gezogen, dass es zu einem Einsturz der Brandgeschosse kommen könnte, was auch durch einen Statiker bestätigt wurde. Mit diesem Wissen, der Frustration, das Feuer aufgrund des unzureichenden Wasserdrucks nicht erfolgreich bekämpfen zu können, und dem Verlust der drei Kollegen, hat die Einsatzleitung um 7.00 Uhr den Entschluss getroffen, das Gebäude aufzugeben und es räumen zu lassen. Zu diesem Zeitpunkt war das Feuer vom 22. bis 24. Obergeschoss unter Kontrolle, es brannte aber noch im 25. und 26. Obergeschoss und breitete sich weiter nach oben aus. Im folgenden Verlauf wurden auf gegenüberliegenden Gebäuden Werfer in Betrieb genommen und die Brandbekämpfung wurde von außen aufgenommen. Letztendlich konnte das Feuer aber erst durch die Sprinkler im 30. Obergeschoss gestoppt werden.

Folgen für das eigene Handeln:

- Trifft ein Löschfahrzeug als erstes an der Einsatzstelle ein, wird ein Feuerwehrangehöriger (das kann bei entsprechender Einweisung auch der Maschinist sein) im Erdgeschoss mit den bereits erkundeten Ergebnissen zur Einweisung des Führungsdienstes zurückgelassen.
- Mit dem Ausfall der Notstromversorgung wurden die Möglichkeiten der Feuerwehr stark eingeschränkt. Deshalb müssen alle Maßnahmen ergriffen werden, um die Notstromversorgung wieder herzustellen.
- Für den letztendlichen Einsatzerfolg war der Einsatz der Sprinkleranlage entscheidend. Hier haben die Bemühungen, den Wasserdruck zu Gunsten der Sprinkleranlage auszurichten, zum Erfolg geführt.

- Im Gegensatz zum Einsatz beim Brand des *Interstate Buildings* ist es hier nicht gelungen, eine Widerstandslinie zu errichten. Mit dem Verlust des Trupps des Löschfahrzeugs 11 und den Schwierigkeiten bei der Wasserversorgung konnten die Kräfte nicht auf diesen Auftrag konzentriert werden. Mit der Gefahr des Einsturzes einzelner Geschosse war der Entschluss richtig, das Gebäude aufzugeben. Die Sicherheit der eingesetzten Feuerwehrangehörigen muss vorgehen.
- Der Einsatz des Hubschraubers wurde massiv durch Thermik und Rauch behindert. Erfolgreich war der Hubschrauber lediglich als Erkundungsmittel.
- Das Einrichten einer notfallmedizinischen Versorgung im Depotgeschoss war bei diesem Einsatz besonders wichtig. So konnten die drei Feuerwehrleute – wenn auch erfolglos – sofort reanimiert werden und mussten nicht noch 20 Geschosse heruntergetragen werden.
- Mit dem Ausfall der Steigleitungen blieb als letzte Alternative das Errichten von Schlauchleitungen per Hand. Bei dem Einsatz wurden drei Leitungen verlegt. Dies erhöht nicht nur die Fördermenge, sondern schafft auch eine Redundanz bei einem Ausfall einer Leitung.
- Die Notlage der Besatzung des Löschfahrzeugs 11 hat zu einer sofortigen Änderung aller Maßnahmen geführt. Stehen hier keine Sicherheitstrupps bereit, müssen Feuerwehrangehörige aus dem laufenden Einsatz abgezogen werden. Das hat neben der Tatsache, dass diese eine geringere Einsatzfähigkeit besitzen, auch den Nachteil, dass der eigentliche Auftrag nicht mehr in vollem Umfang ausgeführt werden kann.

6.2.1.5 Vorbereiten der Offensive

Mit der Möglichkeit, in der Phase II zunehmend über mehr Personal zu verfügen, muss die Offensive vorbereitet werden. Dazu verlegt der Einsatzführungsdienst die eintreffenden Kräfte an die Stellen, von denen aus sie in das Geschehen eingreifen sollen. Folgende Fragestellungen muss er dabei in seine Planungen mit einbeziehen:
- Reichen die Informationen des Sicherheitsdienstes und die Rückmeldungen der ersten Kräfte für das Entwickeln weiterer Maßnahmen aus?
- Wie viele Treppenräume erschließen das Brandgeschoss?
- Welcher Treppenraum steht in Verbindung mit dem Gebäudekern?
- Wird der erste Zugriff über den zum Brandherd günstigsten gelegenen Treppenraum vorgenommen?

6.2 Phase II: Aufwuchsphase

- Sind die Maßnahmen zum Absuchen des Brandgeschosses abgeschlossen?

Will der Führungsdienst ein weiteres Strahlrohr vornehmen, muss er folgende Gesichtspunkte zueinander abwägen[22]:

- Muss das erste Strahlrohr unterstützt werden, soll also der Angriff über denselben Zugang erfolgen?
- Gibt es die Möglichkeit, einen Zangenangriff – beispielsweise über zwei verschiedene Treppenräume – vorzunehmen?
- Wird das Strahlrohr benötigt, um Maßnahmen zum Absuchen des Geschosses durchführen zu können?
- Wo wird das Strahlrohr am effektivsten eingesetzt, um eine weitere Ausbreitung des Brandes zu verhindern und die Fluchtwege zu sichern?
- Welcher Treppenraum steht dann noch für die Räumung des Gebäudes zur Verfügung?

Bei einem Bürohochhaus muss je nach Tageszeit auch geprüft werden, wie viele Personen sich noch im Gebäude aufhalten (z. B. anhand von Zugangslisten). Auch der Status der sicherheitstechnisch relevanten Einrichtungen sollte nochmals überprüft werden.

6.2.1.6 Aufbau der Einsatzabschnitte Brandbekämpfung und Lobby

Erreicht der erste Zugführer das Depotgeschoss, übernimmt er dort die Einsatzleitung und die Verantwortung für alle Maßnahmen, die von dort aus ausgehen. Eine seiner wesentlichsten Aufgaben ist das Bereitstellen einer medizinischen Versorgung, da mit Erschöpfungszuständen und Überhitzungen zu rechnen ist. Zudem hat er eine Kommunikationsverbindung zur Lobby und zur Einsatzleitung zu schaffen. Dafür muss er nicht zwingend sein Funkgerät einsetzen, er kann genauso auf Telefon- oder Funkanlagen zurückgreifen, die im Gebäude vorhanden sind. Zudem muss er eine Funkverbindung zu den eingesetzten Trupps aufbauen. Um die Maßnahmen zu

---

22 Hier nochmals der Hinweis: Bei einem »normalen« Brandeinsatz bedeutet das Vornehmen eines Strahlrohres keinen großen Aufwand. Bei der Hochhausbrandbekämpfung fordert diese Maßnahme den Einsatz von mindestens einem weiteren Stoßtrupp sowie lange Anmarschwege und Entfaltungszeiten.

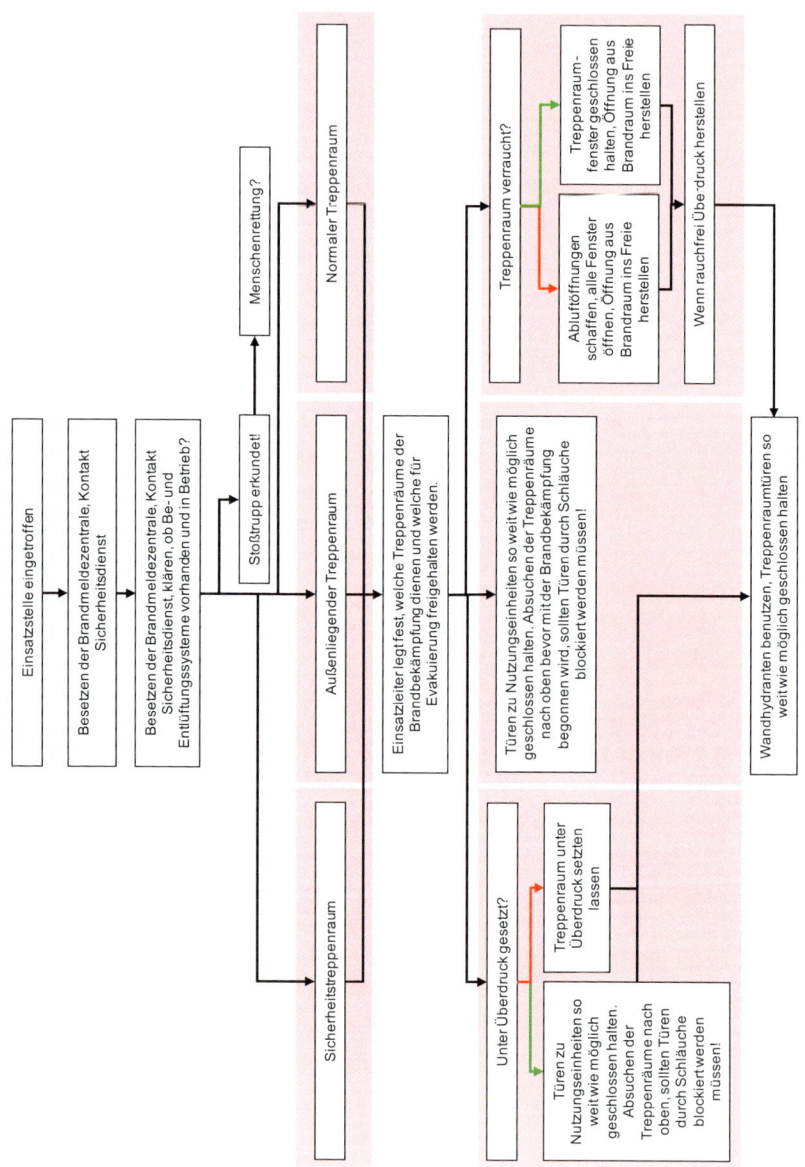

Bild 53: *Ablaufdiagramm zur Kontrolle des Treppenraums. Der Einsatz des Lüfters muss nicht zwingend erfolgen und sollte stets kritisch hinterfragt werden. (Grafik: Grünwald/von Kaufmann)*

6.2 Phase II: Aufwuchsphase

koordinieren, ist es von Vorteil, wenn der Zugführer über einen Plan des Geschosses verfügt.

Spätestens in der Aufwuchsphase, mit Eintreffen des zweiten Löschzugs, werden die Treppenräume abgesucht (Bild 53). Hierfür wird ein weiterer Stoßtrupp eingesetzt, damit alle Treppenräume kontrolliert werden können. Der zweite Stoßtrupp des zweiten Löschzuges ist für die Geschosse oberhalb des Brandgeschosses zuständig.

Mit dem Eintreffen des zweiten Zugführers etabliert sich die Untereinsatzabschnittsleitung in der Lobby. Dort wird ein Meldekopf errichtet der registriert, welche Einsatzkräfte das Gebäude betreten und wieder verlassen. Diese Angaben werden mit dem Untereinsatzabschnittsleiter im Depotgeschoss abgeglichen. Alle aufsteigenden Trupps melden sich beim Zugführer in der Lobby. Wenn sie im Depotgeschoss ankommen, melden sie sich beim dortigen Untereinsatzabschnittsleiter. Zudem ist der Untereinsatzabschnittsleiter »Lobby« für die Versorgung des Depotgeschosses verantwortlich. Steht ihm hierfür ein Feuerwehraufzug zur Verfügung, ist die Aufgabe relativ leicht zu bewerkstelligen. Problematisch wird es, wenn die Versorgung über den Treppenraum sichergestellt werden muss. Dann bietet es sich an, den Treppenraum bis zum Depotgeschoss in Zonen zu unterteilen und eine »Kette« mit Einsatzkräften zu bilden, damit diese nicht mehr alle Geschosse rauf und runter laufen müssen (Mc Grail, 2007). Verteilt man einen Stoßtrupp so, dass jedes Mitglied des Trupps drei Geschosse zu laufen hat, kommt man bereits auf 15 Geschosse. Je nachdem, wie viel Ausrüstung nach oben gebracht werden muss, kann die Zahl der zu laufenden Geschosse reduziert werden.

Merke:
Die Rauchausbreitung in einem Hochhaus ändert sich laufend. Insofern ist es notwendig, die Angriffs-, Rückzugs- und Evakuierungswege ständig zu kontrollieren. Die hierfür eingesetzten Kräfte stehen also nach einer ersten Kontrolle nicht für andere Aufgaben zur Verfügung. Werden Lüftungsmaßnahmen durch den Einsatzabschnittsleiter befohlen, können diese Kräfte den Auftrag ausführen, da sie die beste Gebäudekenntnis haben und die Maßnahme in ihren eigentlichen Untereinsatzabschnitt passt.

6.2.1.7 Einsatz von Überdruckbelüftern in Hochhäusern

Der Einsatz von Überdruckbelüftern ist in Hochhäusern problematisch. Im Einsatz wird zwischen zwei taktischen Maßnahmen unterschieden (Berufsfeuerwehr München, 2007): der Rauchfreihaltung und der Entrauchung.

Bei der Rauchfreihaltung wird eine Rauchausbreitung in rauchfreie Gebäudeteile verhindert. Ziel ist es, den Schaden auf den vorgefundenen Ort zu begrenzen und eine weitere Eskalation der Lage zu verhindern. Flucht- und Rettungswege sind weiterhin benutzbar.

Bei der Entrauchung werden Bereiche, die mit Rauch beaufschlagt sind, gezielt rauchfrei gemacht. Das einsatztaktische Ziel ist es, die Bedingungen für einen Innenangriff zu verbessern (Absenkung der Temperatur, bessere Sichtverhältnisse) oder notwendige Flucht- und Rettungswege für die Rettung von Personen wieder benutzbar zu machen.

In Treppenräumen mit stationärer Druckbelüftung – Regelausführung in innenliegenden Treppenräumen von Hochhäusern – ist der ergänzende Einsatz eines Überdruckbelüfters kontraproduktiv. Dieser ist allenfalls dann in Betracht zu ziehen, wenn die stationäre Lüftungsanlage aufgrund technischer Störungen ausfällt. Der Einsatz eines Überdruckbelüfters zur Begrenzung der Verrauchung auf die brennende Einheit ist dann sinnvoll, wenn aus dem Brandraum eine Öffnung ins Freie hergestellt ist. Sollte dies nicht möglich sein (Festverglasung), kann der Einsatz des Überdruckbelüfters zur unkontrollierten Rauchausbreitung auch in andere Geschosse führen (Bilder 54a und b).

In den meisten Fällen werden inzwischen Überdruckbelüfter eingesetzt. Bei richtigem Einsatz der Hochleistungslüfter wird in dem zu belüftenden Bereich ein geringer Überdruck (2 bis 3 mbar) im Gegensatz zur Umgebungsluft erzeugt. Dies ermöglicht einen geführten Luftstrom zum gezielten Abführen der Brandgase durch eine definierte Abluftöffnung unmittelbar ins Freie. Bei nicht fachgerechtem Einsatz besteht die Gefahr, dass der Brandrauch in noch nicht betroffene Bereiche gedrückt wird. Verrauchte Treppenräume werden deswegen nie mit Überdruck entraucht, da der Rauch durch den erzeugten Überdruck durch Undichtigkeiten in den Türen in nicht betroffene Nutzungseinheiten gedrückt werden kann.

Der Einsatz von Lüftern birgt bei der Hochhausbrandbekämpfung oft mehr Risiken als Vorteile. Bei einem entwickelten Feuer wird es schwer möglich sein, gegen den Kamineffekt einen Lüfter einzusetzen. Hier kann nur der natürliche Luftstrom unterstützt werden. Der Lüftereinsatz wird erst dann sinnvoll, wenn der Rauch auch aus der betroffenen Nutzungseinheit herausgedrückt werden kann. Diese Möglichkeit besteht

6.2 Phase II: Aufwuchsphase

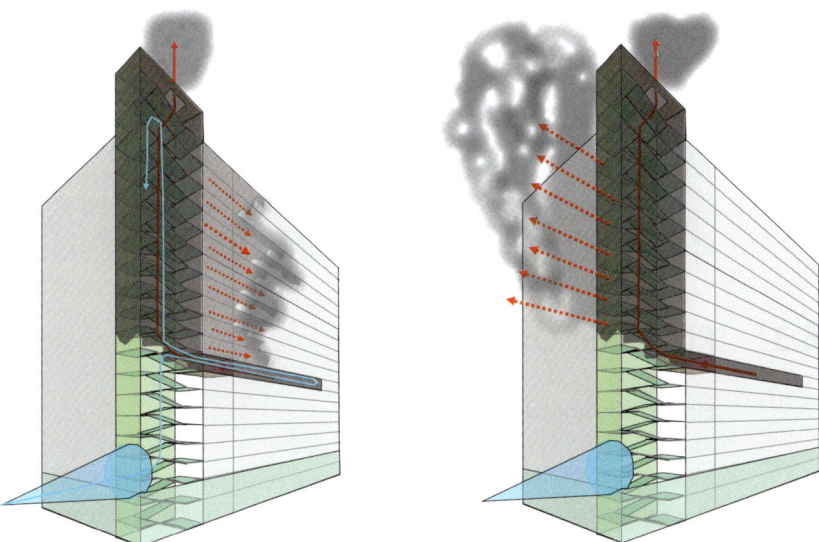

Bilder 54a und b: *Wird ein Überdruckbelüfter in einem verrauchten Treppenraum eingesetzt, muss zwingend eine ausreichend große Abluftöffnung hergestellt werden, sodass im Treppenraum kein Überdruck entstehen kann, sondern nur die Strömung unterstützt wird. Wird auf diese verzichtet, kann es zu einem Überdruck im Treppenraum kommen und damit zu einem Verrauchen der angrenzenden Nutzungseinheiten. (Grafik: Grünwald/von Kaufmann)*

in der Regel bei Wohnhochhäusern. Es muss aber auch hier darauf geachtet werden, dass der Winddruck, der auf dem Gebäude lastet, nicht so hoch ist, dass der Rauch in die Nutzungseinheit und von dort in den Treppenraum zurückdrückt.

Um eine Abluftöffnung zu schaffen, muss der vorgehende Trupp von Innen die Scheiben einschlagen. Er steht somit zwischen der Abluftöffnung und dem Feuer, ohne die Möglichkeit eines schnellen Rückzugs. Generell gilt es, keine Scheiben einzuschlagen, bevor dies nicht vom Einsatzleiter befohlen wurde. Ist der Auftrag hierzu erteilt worden, müssen Ort und Zeitpunkt aufeinander abgestimmt werden.

Merke:

Beim Hochhausbrand gilt: Be- und Entlüftungsmaßnahmen durch die Feuerwehr gehören nicht zu den ersten Aufgaben. Hochhäuser verfügen in der Regel über eine maschinelle Entrauchung oder über Systeme, die eine Rauchausbreitung wirkungsvoll verhindern können (beispielsweise Sicherheitstreppenräume). Die Rauchfrei-

> haltung wird also im ersten Zugriff durch technische Anlagen im Gebäude sichergestellt. Versagen diese Systeme, bleibt es schwierig, Lüfter effektiv einzusetzen. Wichtiger ist dann, die Türen zu nicht betroffenen Bereichen konsequent geschlossen zu halten. Muss trotzdem ein Lüfter eingesetzt werden (beispielsweise in einem Wohnhochhaus), müssen die Maßnahmen noch enger aufeinander abgestimmt werden, als bei einem Standard-Lüftereinsatz. Der Lüftereinsatz bleibt eine Führungsaufgabe. Im Gegensatz zum »normalen« Wohnhausbrand ist er keine Standardmaßnahme für die ersteingesetzten Kräfte.

6.3 Phase III: Offensive

Einsatzführungsdienst (A-Dienst)

Auftrag und Verantwortung: Der A-Dienst übernimmt den Einsatz vom B-Dienst, dieser leitet dann den Abschnitt »Gefahrenabwehr«. Der A-Dienst leitet den Gesamteinsatz. Er ist an keinen festen Ort gebunden, hat seinen Standpunkt aber so zu wählen, dass er in der Lage ist, sich einen Gesamtüberblick über den Einsatz zu verschaffen und für die anderen Organisationen und Behörden vor Ort erreichbar ist. Zu seinen Aufgaben gehört die Zusammenarbeit mit dem Einsatzleiter der Polizei und dem Einsatzleiter des Rettungsdienstes. Er gliedert die Einsatzstelle in die Breite (Einsatzabschnitte – EA – nebeneinander) und in die Tiefe (EA »Logistik«, EA »Rettungsdienst«, EA »Betreuung«). Alle weiteren Kräfte werden nach der Weisung des A-Dienstes eingesetzt. Das Bild 55 zeigt die Führungsstruktur in der Phase III.

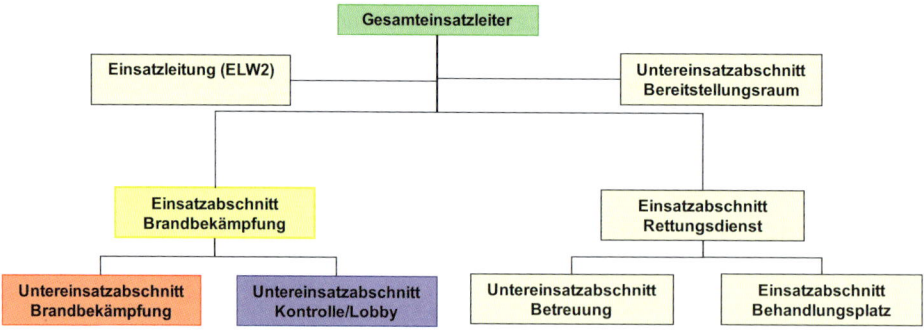

Bild 55: *Phase III »Offensive« (Grafik: Grünwald/von Kaufmann)*

6.3 Phase III: Offensive

6.3.1 Phase III im Ablauf

Die Offensive zeichnet sich dadurch aus, dass dem Einsatzleiter alle Möglichkeiten offenstehen, das Schadenereignis wirkungsvoll mit der entsprechenden Kraft zu bekämpfen. Das heißt auch, dass er in der Lage ist, auf jede Friktion oder auf eine notwendige Schwerpunktverlagerung entsprechend reagieren zu können. Er ist in der Lage, auch Aktionen, die länger dauern, durchstehen zu können und kann starke Reserven dort einsetzen, wo Handlungsbedarf besteht.

Inzwischen ist eine Gesamteinsatzleitung eingerichtet. Sie führt die Einsatzabschnitte »Brandbekämpfung« mit den Untereinsatzabschnitten »Brandgeschoss« und »Lobby«. Zudem gibt es – wenn erforderlich – einen Einsatzabschnitt »Rettungsdienst« sowie Einsatzabschnitte für Logistik, Abrufplätze etc. Die Gesamteinsatzleitung koordiniert die Maßnahmen mit anderen beteiligten Stellen (z. B. Polizei oder städtische Behörden) und führt die Pressearbeit durch. Auch in der Offensive bleibt der Untereinsatzabschnitt »Lobby« der Dreh- und Angelpunkt im Einsatzgeschehen:

- Der Untereinsatzabschnittsleiter »Lobby« koordiniert die Logistik, d. h. das Be- und Entladen des Feuerwehraufzugs bzw. den Transport von Material in das Depotgeschoss über den Treppenraum. Zudem kann sich in der Lobby ein Übergabepunkt für den Abtransport verletzter Personen (Patientenablage) befinden.
- Jede Einsatzkraft, die das Gebäude betritt, muss registriert werden. Somit ist auch die Überwachung der Einsatzkräfte, die das Gebäude mit Auftrag und Ziel betreten und verlassen, die Aufgabe des Untereinsatzabschnitts »Lobby«.
- Der Zustand und das Benutzen von haustechnischen Einrichtungen (Notstromversorgung, Aufzüge, Druckerhöhungsanlage usw.) müssen ständig überwacht werden. Dies muss veranlasst und kontrolliert werden.
- Informationen für die im Gebäude verbliebene Belegschaft sollten regelmäßig durch den Sicherheitsdienst erfolgen. Auch hier muss der Untereinsatzabschnittsleiter – wenn notwendig – steuernd eingreifen.
- Überwachung von Evakuierungsmaßnahmen.
- Beschaffen von weiteren Informationen (z. B. Listen der Etagennutzung und des anwesenden Personals, Gebäudepläne, mögliche Telefon- oder Funkverbindungen, die im Haus vorhanden sind).
- Absprachen mit dem Sicherheitsdienst.
- Kontakt zum Depotgeschoss, zur Patientenablage und zum Feuerwehrangehörigen, der den Feuerwehraufzug bedient.

- Der Untereinsatzabschnittsleiter in der Lobby bestimmt in letzter Instanz auch die Treppenräume, die für den Löschangriff zur Verfügung stehen, und die, die zur Evakuierung freigehalten werden sollen. Im weiteren Einsatzverlauf lenkt er die Kräfte in die jeweiligen Treppenräume und weist sie kurz in die Lage ein.
- Der Untereinsatzabschnittsleiter »Lobby« kümmert sich darum, dass die Türen zu den Sicherheitstreppenräumen geschlossen bleiben.

Diese Aufgaben wird der Untereinsatzabschnittsleiter »Lobby« nicht alleine durchführen können, er benötigt dafür entsprechende Unterstützung durch weiteres Personal.

Die Entrauchung des Gebäudes wird über den Einsatzabschnittsleiter »Brandbekämpfung« gesteuert[23]. In erster Linie werden die vorhandenen technischen Einrichtungen verwendet. Wie schon beschrieben, gilt der Grundsatz, dass in Sicherheitstreppenräumen, die überdruckbelüftet werden, keine Lüfter eingesetzt werden. Die Feuerwehr New York setzt allerdings auch dort Überdruckbelüfter ein, wenn die Türen zum Brandgeschoss geöffnet sind. Voraussetzung ist allerdings, dass im Brandgeschoss eine Abluftöffnung vorhanden ist und alle anderen Türen im Sicherheitstreppenraum geschlossen bleiben (Fire Department City of New York, 2016). Dann wird ein Lüfter ein oder zwei Geschosse unterhalb des Brandgeschosses aufgestellt. Dieser bewirkt, dass im Bereich des Brandgeschosses der Druck im Treppenraum zusätzlich erhöht wird und somit ein Eindringen von Rauch unter Umständen noch einige Zeit verhindert werden kann. Zudem werden Strömungslüfter im obersten Geschoss auf Höhe der Abluftöffnung aufgestellt. Zweck hierbei ist es, dass der Kamineffekt verstärkt werden soll, also der Rauch schneller aus dem Gebäude gezogen wird. Auch hier nochmals der Hinweis: Horizontale Belüftung des Geschosses durch Einschlagen von Fensterscheiben ist eine nachrangig mögliche Maßnahme, die gut koordiniert werden muss.

Sicherheit hat immer einen hohen Stellenwert. Die Funktion eines Abschnittsleiters »Sicherheit« ist in Deutschland selten anzutreffen. In den USA gibt es teilweise eigene Einsatzabschnitte »Sicherheit« mit den Untereinsatzabschnitten »Innere Sicherheit« (Sicherheit in Gebäuden) und »Äußere Sicherheit« (U. S. Fire Administration, 2008). Auch wenn die meisten Feuerwehren keinen eigenen Einsatzabschnitt »Sicherheit« bilden werden, muss eine Atemschutzüberwachung durchgeführt und

---

23 Hier geht es nicht um Wohnhochhäuser, die knapp über die Hochhausgrenze reichen. In solchen Gebäuden können teilweise klassische Entlüftungsmaßnahmen nach den Standards durchgeführt werden, wie sie für normale Wohnhausbrände gelten.

6.3 Phase III: Offensive

entsprechend Personal bereitgehalten werden, das eine Rettung verunfallter Atemschutzgeräteträger durchführen kann (FwDV 7). Das für den Notfall bereitgehaltene Personal darf nicht zu knapp bemessen sein. Es sollte zumindest die Stärke der im Brandgeschoss eingesetzten Einheiten haben, also in der Regel eine Staffel. Damit Sicherheitstrupps schnell eingreifen können, empfiehlt es sich, diese im Depotgeschoss vorzuhalten. Wächst die Einsatzstelle auf, kann zudem ein Sicherheitstrupp in der Nähe der Lobby in Bereitschaft gestellt werden[24].

Zumindest zwischen den Geschossen, Treppenräumen, Aufzügen und der Lobby muss jetzt eine Verbindung bestehen (U. S. Fire Administration, 2008). Diese Verbindungen müssen nicht zwingend mit feuerwehreigenen Funkgeräten sichergestellt werden. Der Feuerwehr stehen hierfür

- Funkgeräte im 4- und 2-Meter-Band (Gebäudefunk), künftig Digitalfunkgeräte,
- Haustelefone,
- öffentliches Telefonnetz,
- Funk des Sicherheitsdienstes,
- hausinterne Notrufsysteme sowie
- Hausdurchsagen zur Verfügung.

Die Kommunikation stellt einen wesentlichen Faktor für den Einsatzerfolg dar. Das Depotgeschoss liegt oft weit entfernt vom Erdgeschoss, sodass Trupps auf dem Weg dorthin »verloren« gehen können. Auch besteht die Möglichkeit, dass der Feuerwehraufzug stecken bleibt. Zudem muss das Personal richtig in die verschiedenen Einsatzabschnitte und damit Verantwortungsbereiche übergeben werden. Besonders die Trennung zwischen dem Untereinsatzabschnitt »Lobby« und dem Untereinsatzabschnitt

»Depotgeschoss« stellt hierbei die Achillesverse dar. Die Zuständigkeitsbereiche müssen folglich zwischen den beiden Untereinsatzabschnittsleitern abgesprochen werden. Es bietet sich an, dass alle Geschosse bis zum Depotgeschoss vom Untereinsatzabschnitt »Lobby« aus geführt werden, alle Geschosse ab dem Depotgeschoss durch den Untereinsatzabschnitt »Depotgeschoss«. Das bringt den Vorteil, dass die Versorgung des Depotgeschosses im Verantwortungsbereich des Untereinsatzabschnitts »Lobby« liegt. Der dafür benutzte Feuerwehraufzug muss folglich eine Kommunikationsverbindung zu diesem Abschnitt haben.

---

24 Im amerikanischen Sprachgebrauch werden diese Rapid Intervention Teams (RIT) genannt.

Das Gebäude muss von außen beobachtet werden. Für die im Inneren eingesetzten Trupps ist es schwierig, die tatsächliche Ausbreitung des Feuers abzuschätzen, wenn ihnen die Informationen von außen fehlen.

Anzeichen wie Rauchaustritt oder Feuer an der Fassadenaußenseite sind alarmierende Zeichen. Zeitgleich müssen auch die Geschosse oberhalb des Brandgeschosses in regelmäßigen Abständen begangen werden. Das Beispiel »*First Interstate Bank Building*« hat aufgezeigt, wie sich ein Brand nach oben ausbreiten kann und dabei nicht wahrnehmbar mehrere Geschosse überspringt.

6.3.1.1 Einsatz Rettungsdienst

Für den Rettungsdienst stellt ein Hochhausbrand aus taktischer und medizinischer Sicht stets eine besondere Herausforderung dar. Neben einem angemessenen Kräfteansatz wird stets auch eine vor Ort einzurichtende sanitätsdienstliche Einsatzleitung (SanEL), bestehend aus einem Organisatorischen Leiter Rettungsdienst (OrgL) und dem Leitenden Notarzt (LNA), erforderlich sein.

Hierbei kommt der schnellen Bildung einer gemeinsamen Einsatzleitung besondere Bedeutung zu. Auch im Rettungsdiensteinsatz gilt es, anfahrenden Kräften zunächst klar definierte Rettungsmittelhalteplätze zuzuweisen und diese von dort aus sukzessive zur Versorgung und zum Abtransport Verletzter an den Einsatzort zu beordern. Hierbei ist ein Einbahnstraßen-Routen-Management zu empfehlen, sodass die Einsatzstelle stets nur von einer Richtung aus angefahren und in die andere Richtung wieder verlassen wird. Dies ist als taktisches Erfordernis anzusehen, gilt es doch, jede mögliche gegenseitige Beeinträchtigung der Fachdienste untereinander zu vermeiden. Derartige Planungen sollten bereits im Vorfeld der Fertigstellung großer Hochhäuser vorgenommen und im Einsatzleitrechner hinterlegt werden (Einsatzpläne). Dies bewirkt eine hohe Handlungssicherheit schon im Rahmen der Alarmierung durch die Leitstelle und führt zu einer geordneten Anfahrt an die Einsatzstelle.

Die von der Feuerwehr geretteten Personen werden an einzurichtenden Patientenablagen an den Rettungsdienst übergeben. Hierbei ist besonderes Augenmerk darauf zu legen, dass deren Örtlichkeiten allen beteiligten Einsatzkräften bekannt sind. Unverletzte Personen, die im Rahmen des Einsatzgeschehens ihre Wohnungen bzw. Büroräume verlassen mussten, sind an Betreuungskräfte an zentral einzurichtenden Stellen außerhalb des Gefahrenbereichs zu übergeben. Dort erfolgt neben Betreuungsmaßnahmen auch eine namentliche Erfassung der Personen in Zusammenarbeit mit der Polizei. Bei einem größeren Schadenausmaß kann ein Behand-

6.3 Phase III: Offensive

Bild 56: *Der Behandlungsplatz befindet sich grundsätzlich außerhalb des Gefahrenbereichs. (Foto: R. Cermak, BRK-Landesgeschäftsstelle München)*

lungsplatz[25] eingerichtet werden, um die Erstversorgung von Verletzten am Schadensort gewährleisten zu können (Bild 56). Bei der Wahl des Behandlungsplatzes sollte man sich für einen Ort entscheiden, der außerhalb der Gefahrenzone (Trümmerschatten) und nicht in unmittelbarer Nähe zum Gebäude liegt. Von Vorteil ist hier eine feste Unterkunft (z. B. Sporthalle). Jeder Behandlungsplatz ist in der Lage, etwa 50 Verletzte pro Stunde zu sichten, notfallmedizinisch zu behandeln und für den Transport in weiterführende medizinische Versorgungseinrichtungen vorzubereiten.

6.3.1.2 Flächenmanagement

Einsatzstellen dürfen nicht für jedermann frei zugänglich sein. Es muss Raum für Einsatzmaßnahmen geschaffen werden, indem Absperrungen errichtet werden. Neben der größeren Beweglichkeit für die Einsatzkräfte haben Absperrmaßnahmen auch folgende Aufgabe:
- Schutz der Bevölkerung (z. B. vor herabfallenden Trümmern),
- Bewachung der Einsatzstelle,

---

25 Gemäß DIN 13050 handelt es sich bei einem Behandlungsplatz um eine (mobile) Einrichtung mit vordefinierter Struktur, an welcher Verletzte und Erkrankte notfallmedizinisch versorgt werden. (Bayerisches Rotes Kreuz, 2006)

- Fernhalten von Schaulustigen,
- Verhindern von Ereignissen, die den Einsatz stören könnten,
- Sichern von Sachwerten und Beweismitteln.

Absperrungen müssen entsprechend kenntlich gemacht werden. Der Zugang zu den abgesperrten Bereichen muss – wenn notwendig – definiert und überwacht werden. Verhaltensregeln, Zugangsberechtigungen und spezielle Schutzausrüstung sind für die Absperrungen festzulegen und durchzusetzen (Stadt London, 2004). Absperrungen kann man in drei Bereiche unterteilen:

- innere Absperrung,
- äußere Absperrung,
- Verkehrsabsperrung.

Innere Absperrung
Die innere Absperrung zieht sich um den unmittelbaren Gefahrenbereich. Sie verhindert beispielsweise das Verschwinden von Betroffenen, Tätern (!) oder Zeugen. Sie dient aber auch den Einsatzkräften zum eigenen Schutz. Innerhalb der Absperrung können bestimmte Anforderungen an die Schutzausrüstung der Einsatzkräfte gestellt werden. Bei einem Hochhausbrand umfasst die innere Absperrung das Gebäude selbst und den unmittelbaren Trümmerschatten um das Gebäude herum. Für die Polizei ist die innere Absperrung unmittelbares Ermittlungsumfeld.

Äußere Absperrung
Die äußere Absperrung stellt einen kontrollierten Bereich um die innere Absperrung dar. Nur autorisiertes Personal darf Zutritt haben. Die Einsatzleitung legt fest, wer Zugang zu diesem Bereich hat. Zwischen der inneren und der äußeren Absperrung soll der Führungskopf der beteiligten Organisationen und Sicherheitskräfte gebildet werden. Beim Brand des *Windsor Towers* in Madrid wurde der Radius beispielsweise auf 600 Meter festgelegt.

Verkehrsabsperrung
Die Verkehrsabsperrung verhindert ungewollten Verkehr im Absperrbereich. Personen, die sich nicht als Hilfspersonal ausweisen können oder keine entsprechende Uniform/Dienstkleidung der autorisierten Hilfsorganisationen tragen, sind konsequent der Einsatzstelle zu verweisen.

6.3 Phase III: Offensive

6.3.1.3 Bereitstellungsraum

Bereitstellungsraum ist die Sammelbezeichnung für Orte, an denen Einsatzkräfte und Einsatzmittel für den unmittelbaren Einsatz oder vorsorglich gesammelt, gegliedert und bereitgestellt oder in Reserve gehalten werden (Von Kaufmann et al., 2008). Bei der Einrichtung von Bereitstellungsräumen gelten folgende zu berücksichtigende Aspekte:

- Entfernung von der Schadenstelle (so nah wie möglich, so weit weg wie nötig),
- gute Auffindbarkeit, geeignete Anfahrtsrouten,
- Anbindung an die Einsatzleitung,
- Stromversorgung, Beleuchtung, Trinkwasser,
- Versorgung der untergebrachten Einheiten,
- Meldekopf, An- und Abfahrtskontrollen,
- Lageordnung, interne Verkehrsführung.

Die Größe richtet sich nach der Anzahl der vorhandenen möglichen Bereitstellungsräume und der Anzahl an unterzubringenden Einheiten. Nachdem Hochhäuser eher im urbanen Raum anzutreffen sind, bietet es sich hier besonders an, mehrere kleinere Bereitstellungsräume einzurichten. Für diese sind auch in einer verkehrsreichen und dicht bebauten Stadt geeignete Flächen zu finden.

6.3.1.4 Hubschraubereinsatz

Ein Hubschraubereinsatz bei einem Hochhausbrand ist – obwohl in der Presse oft anders dargestellt – ein fragwürdiges Unterfangen. Tatsächlich verfügen einige amerikanische Feuerwehren, aber auch beispielsweise die Berufsfeuerwehr Innsbruck (Österreich), über Hubschrauber Task Forces, die in Hubschraubern von Polizei, Militär oder Feuerwehr auch auf Hochhäusern angelandet werden können[26]. Zumindest aber in Los Angeles und Innsbruck dient die Vorhaltung von Hubschraubern und entsprechend ausgebildeten Teams in erster Linie nicht zur Hochhausbrandbekämpfung, sondern zum Absetzen von Teams in unwegsamem Gelände bei der Waldbrandbekämpfung, zu Rettungs- und Bergungseinsätzen und dem

---

26 Los Angeles Fire Department, Los Angeles County Fire Department, Denver Fire Department, Philadelphia Fire Department u. a.

6 Einsatzentwicklung

Retten von Personen aus Wildwasser. Das Anlanden auf einem Hochhausdach zum Absetzen von Teams stellt für den Piloten ein riskantes Unterfangen dar. Nicht alle Hochhäuser verfügen über ein entsprechendes Flachdach, zudem sind die Dächer meist mit Antennenaufbauten bestückt oder sonstigen technischen Anlagen ausgestattet, die für den Hubschrauber eine Gefahr darstellen. Bei einem entwickelten Hochhausbrand hat der Hubschrauber zudem mit der Thermik zu kämpfen. Rauch behindert die Sicht, vor allem nah am Gebäude. Der Einsatz von Hubschraubern wird beispielsweise auch bei der Feuerwehr New York kritisch gesehen. Es scheint in New York vorgekommen zu sein, dass Personen tot im Treppenraum oberhalb ihres Appartements aufgefunden wurden. Sie versuchten offensichtlich auf das Dach zu fliehen, um dort von einem Hubschrauber aufgenommen zu werden. Bilder einer Rettung durch Hubschrauber wurden öfters im Fernsehen verbreitet (Dunn, 1996; 2005).

Merke:
Die Rettung von Personen von einem Hochhausdach mit Hubschraubern wird bei einem Brand die absolute Ausnahme bleiben. Verfügt eine Feuerwehr nicht über entsprechend ausgebildetes Personal und entsprechend trainierte Hubschrauberbesatzungen, stellt das Anlanden von Feuerwehrangehörigen eher ein Himmelfahrtskommando als einen überlegten Rettungseinsatz dar.

Werden bei einem Hochhausbrand tatsächlich Hubschrauber eingesetzt, dann sollten sie lediglich der Lageerkundung dienen (beispielsweise Philadelphia). Ihr Einsatzschwerpunkt liegt bei der Erkundung der Gebäudeaußenseite. So weisen amerikanische Quellen immer wieder auf die Möglichkeit hin, eine Brandausbreitung über die Fassade frühzeitig durch den Einsatz eines Hubschraubers erkennen zu können (U. S. Fire Administration, 2008). Dieser Einsatz erscheint durchaus sinnvoll. Beispielsweise stellt die Erkundung aus der Luft für einen Polizeihubschrauber einen Standardeinsatz dar, entsprechend erfolgreich wird er diese auch bei einem Hochhausbrand durchführen (Bild 57). Höhenrettungsgruppen, die mit einem Hubschrauber auf dem Dach angelandet werden, können bei der Hochhausbrandbekämpfung in der Regel nicht eingesetzt werden, da sie keine Spezialteams für diese Aufgabe sind (Bilder 58 und 59).

6.3 Phase III: Offensive

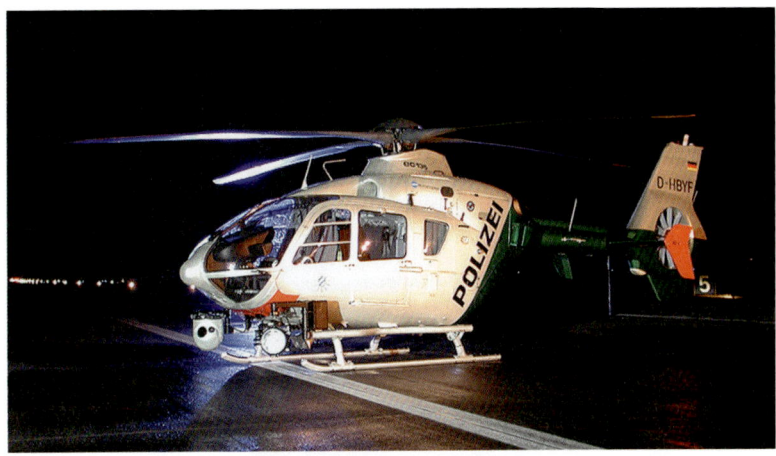

Bild 57: *Polizeihubschrauber mit Wärmebildkamera und Suchscheinwerfer, wie er auch bei einem Hochhausbrand zur Erkundung eingesetzt werden könnte. (Foto: Polizei Bayern)*

Bild 58: *Höhenrettungsgruppen arbeiten oft auch mit Hubschraubern, können in der Regel aber nicht für die Hochhausbrandbekämpfung eingesetzt werden. (Foto: Berufsfeuerwehr München)*

6 Einsatzentwicklung

Bild 59: *Der Schwerpunkt von Höhenrettungsgruppen liegt in der Rettung von Personen, wie beispielsweise in einer Gondel hängen gebliebenen Fensterputzern. (Foto: Berufsfeuerwehr München)*

6.3.1.5 Einsatz der Polizei

Einem konsequenten Zusammenwirken von Polizei, Rettungsdienst und Feuerwehr kommt im Rahmen der Hochhausbrandbekämpfung eine besondere Bedeutung zu. Standardmäßig wird die Polizei in enger Absprache mit der Einsatzleitung der Feuerwehr zunächst eine weiträumige Absperrung um den Ereignisort mit Durchlassstellen für Feuerwehr und Rettungsdienst vornehmen. Hierzu sind starke Polizeikräfte erforderlich, die in den Einsatzzentralen der Polizei für derartige Meldebilder in einer Ausrücke- und Alarmordnung vorgesehen werden sollten. Hierbei sollte geschlossenen polizeitaktischen Verbänden (z. B. Einsatzzug) stets der Vorrang vor dem polizeilichen Einzeldienst (so genannte Funkstreifen) eingeräumt werden. Der äußeren Absperrung kommt insbesondere dahingehend Bedeutung zu, als dass hier der notwendige Aktionsraum freigehalten wird, den Feuerwehr und Rettungsdienst benötigen, um sich für ihre spezifischen Einsatzmaßnahmen entfalten zu können. In einem solchen Schadenfall soll durch Verkehrsmaßnahmen sichergestellt

6.3 Phase III: Offensive

werden, dass Feuerwehr- und Rettungsfahrzeuge möglichst ungehindert zum und vom Schadensort an- bzw. abfahren können. Deshalb sind möglichst alle Hauptverkehrsstraßen, die zum Schadensort führen, weiträumig zu sperren. Diese Sperren sind vornehmlich an leistungsfähigen Querstraßen zu errichten. Bei einem Massenanfall von Verletzten ist seitens der Polizei außerdem darauf zu achten, dass Rettungsfahrzeuge vom Schadensort zu den Krankenhäusern bzw. Hubschrauberlandeplätzen schnellstmöglich durchkommen. Dabei sollen die jeweiligen Einsatzleiter von Polizei, Rettungsdienst und Feuerwehr schon zu Beginn des Einsatzes Kontakt zueinander aufnehmen, um nach einer gemeinsamen und integrativen Beurteilung der Lage die jeweils zu treffenden weiteren Maßnahmen abzusprechen. Als taktische Ziele seitens der Polizei kommen vorrangig in Betracht (vgl. hierzu Ziff. 4.15.2 der Polizeidienstvorschrift (PDV) 100):

- die Abwehr von Gefahren und Schäden für die Bevölkerung,
- die Gewährleistung des ungehinderten Einsatzes von Feuerwehr und Rettungsdienst,
- das Verhindern oder Verringern einer Schadenausweitung,
- die Ermittlung von Ursachen (Brandstiftung etc.) sowie
- das Gewährleisten einer beweissicheren Verfolgung von Straftaten und Ordnungswidrigkeiten.

Bei polizeilichen Einsätzen im Zusammenhang mit Bränden sind die Einsatzfahrzeuge der Polizei so weit vom Brandobjekt entfernt abzustellen, dass dort die Aufstellung der Feuerwehrfahrzeuge nicht behindert wird. Hierbei ist insbesondere zu berücksichtigen, dass der durchschnittliche Flächenbedarf nur eines Löschfahrzeugs schon etwa 5 x 8 Meter beträgt. Dies muss im Rahmen von Dienstunterrichten und Fortbildungen seitens der Feuerwehr der Polizei gegenüber klar kommuniziert werden. In München wurde diesem Erfordernis bei der Erarbeitung der Einsatzkonzeption zur Hochhausbrandbekämpfung schon dahingehend entsprochen, dass ein Vertreter der Polizei in den Arbeitskreis fest integriert war. Dadurch konnten für die Feuerwehr relevante Punkte in die polizeiliche Einsatzstruktur eingebunden werden, wie beispielsweise die Anweisung, dass bei einem Eintreffen der Polizei vor der Feuerwehr am Brandobjekt umgehend folgende Informationen an die Feuerwehr weiterzugeben sind:

6 Einsatzentwicklung

Bild 60: *Die Polizei kann bei einem Hochhausbrand unterstützend tätig werden. Beim gezeigten Beispiel stellt sie Trägertrupps für die betroffenen Personen bei einem Brand in einem Altenwohnheim. (Foto: Berufsfeuerwehr München)*

- Abgabe einer ersten (vorläufigen) Lagemeldung,
- Mitteilung über die Anzahl der im Objekt gemeldeten Personen an den eintreffenden Einsatzleiter der Feuerwehr (Online-Einwohnermeldeauskunft durch Polizei),
- sofortige Information über erkannte Gefahrenpotenziale (gelagertes Gefahrgut etc.) an die Feuerwehr bei deren Eintreffen.

Seitens der polizeilichen Einsatzzentrale kann beim Stichwort »Hochhausbrand« beispielsweise auch ein Schichtzug der jeweiligen Einsatzbereitschaft – soweit regional verfügbar[27] – in den jeweiligen Einsatzraum verlegt werden. Dieser nimmt dort abgesetzt Position ein und kann so neben den vorgenannten, rein polizeilichen

---

27 Im Bereich des Polizeipräsidiums München verrichten beispielsweise rund um die Uhr mehrere Züge der Einsatzhundertschaften als geschlossene polizeitaktische Einheiten Dienst.

6.3 Phase III: Offensive

Aufgaben beispielsweise auch Trupps zum Verletztentransport oder zum Absuchen des Gebäudes außerhalb des Gefahrenbereichs stellen (Bild 60).

Bereits zu einem frühen Zeitpunkt erfolgt parallel zur Brandbekämpfung durch die Feuerwehr die Ermittlung möglicher Brandursachen durch die Polizei (Bild 61). Hier gilt es zunächst primär, Veränderungen im Spurenbild durch Unbefugte und Schaulustige zu verhindern. Durch eine Absperrung wird gewährleistet, dass Spuren eines möglichen Täters, die auch im weiteren Umkreis um das Brandobjekt zu vermuten sind, nicht beeinträchtigt oder gar vernichtet werden. Das Brandobjekt wird bis zur Klärung der Brandursache staatsanwaltschaftlich sichergestellt, gegebenenfalls auch beschlagnahmt (vgl. hierzu §§ 94 ff. der Strafprozessordnung (StPO)). Eine stringente Zutrittskontrolle muss daher stets veranlasst werden.

Einer engen Zusammenarbeit von Polizei und Feuerwehr kommt auch dahingehend Bedeutung zu, als dass die Erstinformation am Einsatzort seitens der Feuerwehreinsatzleitung dazu dient, die wichtigsten Wahrnehmungen und Tatsachen in knapper Form festzuhalten. Dies gilt insbesondere für die ersten polizeilichen Maßnahmen vor Ort (»erster Angriff«) (Hille, 2007).

Zu den ersten polizeilichen Maßnahmen nach dem Eintreffen vor Ort gehören:
- Überblick verschaffen,
- Mitteilung/Auftragserteilung (Unterstützung bei der Menschenrettung),
- Errichten einer weiträumigen Absperrung mit Durchlassstellen (in Absprache mit der Einsatzleitung der Feuerwehr),
- erste Befragungen/Vernehmungen von Zeugen,
- erste Fahndungsmaßnahmen nach verdächtigen Personen.

Daran wird bei der später durchzuführenden, ausführlichen polizeilichen Befragung/Vernehmung angeknüpft. Ebenfalls ist die Erreichbarkeit von Auskunftspersonen zu notieren. Wichtige Informationen durch die Feuerwehr an die Polizei sind ferner Angaben zu
- den Wind- und Temperaturverhältnissen,
- den Lichtverhältnissen,
- der Rauchverfärbung in der Anfangsphase bei Eintreffen der Feuerwehr,
- den weiteren Branderscheinungen (z. B. Funkenregen, Stichflammen),
- allen Veränderungen am Brandobjekt (auch durch Brandbekämpfung)
- sowie der Brandsituation und den Löschmaßnahmen.

Für die Beurteilung des Brandgeschehens sind insbesondere die Situationsspuren von Bedeutung. Sie lassen Schlüsse auf die Art der Spurenentstehung zu und dienen der Rekonstruktion des Brandverlaufes. Durch die Rekonstruktion der vormaligen An-

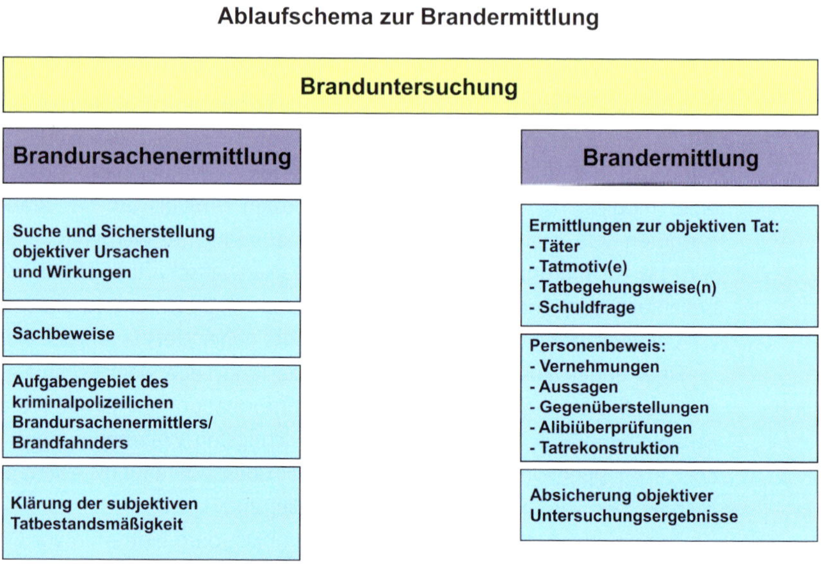

6 Einsatzentwicklung

Ablaufschema zur Brandermittlung

Branduntersuchung

Brandursachenermittlung	Brandermittlung
Suche und Sicherstellung objektiver Ursachen und Wirkungen	Ermittlungen zur objektiven Tat: - Täter - Tatmotiv(e) - Tatbegehungsweise(n) - Schuldfrage
Sachbeweise	Personenbeweis: - Vernehmungen - Aussagen - Gegenüberstellungen - Alibiüberprüfungen - Tatrekonstruktion
Aufgabengebiet des kriminalpolizeilichen Brandursachenermittlers/ Brandfahnders	
Klärung der subjektiven Tatbestandsmäßigkeit	Absicherung objektiver Untersuchungsergebnisse

Bild 61: *Schema der polizeilichen Brandermittlung (modifiziert nach Hille, H.: Brandursachenermittlung, S. 19)*

ordnung der Brandlast können sowohl Brandausbruchsstelle als auch Brandverlauf rekonstruiert werden. Grundsätzlich kommt wegen der hohen Zahl an möglichen Brandursachen das so genannte Eliminationsverfahren zur Anwendung. Hierbei werden lageangepasst und anhand vorhandener Spuren sämtliche Brandursachen einzeln überprüft und gegebenenfalls im weiteren Verlauf ausgeschlossen. Ziel ist es hierbei, alle Ursachen bis auf eine auszuschließen und diese letztlich widerspruchsfrei mit dem Spurenbild und dem Brandverlauf in Einklang zu bringen.

Die Brandursachenermittlung bedient sich des so genannten Eliminationsverfahrens (Bild 62). Diese Vorgehensweise dient zur Ermittlung des ursprünglichen Brandherdes und der Brandfolgen. Liegen alle Optionen einer Brandursache vor, beginnt die eigentliche Ermittlungstätigkeit unter Auswertung des Spurenbildes, der Zeugenaussagen, Feststellungen und Beobachtungen der Feuerwehr sowie Gutachten von Experten (Hille, 2007).

Einer engen Zusammenarbeit zwischen Polizei und Rettungs-/Betreuungsdienst kommt bei Hochhausbränden ebenfalls besondere Bedeutung zu. Seit einigen Jahren sind bei außergewöhnlichen polizeilichen Einsatzlagen sowie Unglücks- und Katastrophenfällen Einsatzkräfte, die sich in besonderer Weise um die Angehörigen und

6.3 Phase III: Offensive

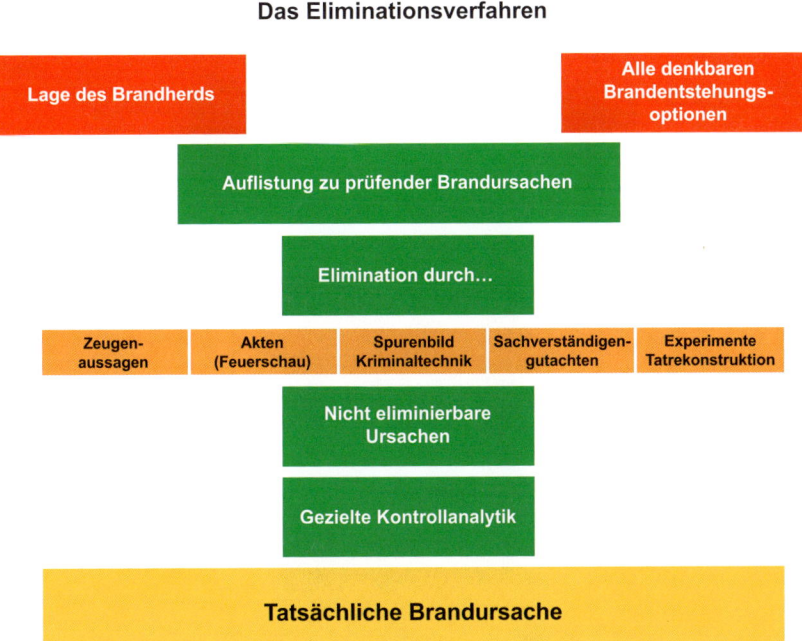

Bild 62: *Grafische Darstellung des Eliminationsverfahrens. Erst bei eindeutigem Nachweis einer Brandursache sowie dem Ausschluss weiterer Optionen erfolgt in einem nächsten Schritt die subjektive Tataufklärung im Rahmen der Brandermittlung. (Bild: Falko Schmid)*

Betroffenen kümmern, ein wichtiger Bestandteil der Einsatzbewältigung. Im Bereich der Polizei spricht man von »Betreuung«, andere Organisationen und Fachdienste sprechen von »Krisenintervention«, »psychosozialer Notfallversorgung« oder »akuter Traumabewältigung/Verhinderung von PTSD«, Seelsorger von »Notfallseelsorge«. Oberste Priorität hat Erfahrungen zufolge ein fundiertes Informationsmanagement für die Betroffenen und ihre Angehörigen. Hier unterstützt die Polizei durch entsprechende Fachkräfte (z. B. Polizeipsychologen, Angehörige von Verhandlungsgruppen) die Hilfsorganisationen.

Ferner wird – je nach Ausmaß des Schadenereignisses – eine Zeugensammelstelle vor Ort eingerichtet, um so zeitnah wie möglich Informationen über den Hergang des Brandgeschehens zu erhalten. Auch werden Polizeibeamte als Verbindungskräfte zu den Verletztenablagen oder Behandlungsplätzen des Rettungsdienstes abgestellt, um neben der Sicherstellung einer nahtlosen Erfassung von Personen auch eine möglichst lückenlose Informationsgewinnung gewährleisten zu können, zumal verletzte Personen ebenfalls als Zeugen in Betracht kommen.

Schlussbetrachtung

Alle in diesem Buch dargestellten Beispiele zeigen eines deutlich: Erst durch das Versagen oder Nichtvorhandensein von wichtigen und sicherheitsrelevanten gebäudetechnischen Einrichtungen kam es zu Brandereignissen mit einer schweren oder gar nicht mehr beherrschbaren Lage. Hat die Technik erst einmal versagt, bleibt nur mehr der Mensch, der das Geschehen noch beeinflussen kann. Ziel eines Hochhauskonzeptes kann es nicht sein, dies völlig frei von allen anlagentechnischen und baulichen Brandschutzmaßnahmen zu erstellen. Ganz im Gegenteil: Nur ein aufeinander abgestimmtes, interdisziplinäres Konzept ermöglicht den Erfolg. Eine der wesentlichen Neuerungen in der Musterhochhausrichtlinie ist die Abstimmung von taktischen Maßnahmen des abwehrenden und des Vorbeugenden Brandschutzes. Ein Konzept muss auf der anderen Seite aber auch dafür ausgelegt sein, dass es bei einer eskalierenden Lage oder dem völligen Ausfall aller technischen Einrichtungen den Grundstock dafür bietet, weitere Einsatzmaßnahmen zu entwickeln.

Das Buch soll dabei helfen, die theoretischen Grundlagen zu vermitteln und sie anhand praktischer Beispiele zu verdeutlichen. Clausewitz schreibt, dass sich die Theorie immer auf die Praxis bezieht. Dieses Argument ist kein Widerspruch.

Theorie ist das Ergebnis von Untersuchungen einer Fragestellung, Bekanntschaft mit der Materie bis hin zur Vertrautheit mit den Inhalten. Das Beherrschen der Materie wird durch praktische Übung erreicht. Theorie bietet begriffliche Klarheit, Methodik im Herangehen an komplexe Lagen, Klarheit über die Relation Ursache und Wirkung sowie über die Zweck-Mittel-Relation. Theorie eröffnet schließlich Optionen für individuelles Handeln, Flexibilität und Innovation und ist Grundlage für das Beurteilen von neuen Formen der Auseinandersetzung (Souchon, 2007). Aufbauend auf ein solides Wissen und nach intensiver Ausbildung entwickelt sich die Fähigkeit, mit Friktionen umzugehen. Dies setzt einen eigenen festen, begründbaren Standpunkt sowie die Fähigkeit voraus, sich der Kritik zu stellen. Erst auf einem soliden theoretischen Fundament kann sich praktisches Können entwickeln.

Der gesellschaftliche Wandel und die Rahmenbedingungen in welchen wir leben, machen Einsatzlagen von Haus aus viel komplexer als sie es noch vor wenigen Jahren waren. Handelt es sich dann auch noch um Einsätze, bei denen aufgrund ihrer Dynamik mit vielen Friktionen zu rechnen ist, beispielsweise Hochhausbrände, stellt ein einfacher und allgemeingültiger Standard im Sinne der Auftragstaktik die wesentlich bessere und flexiblere Methode dar. Dies erfordert eine bessere Ausbildung sowie eine konsequente und zeitlich ausreichend bemessene Fort- und

Schlussbetrachtung

Weiterbildung, mit der Möglichkeit, genügend Einsatzerfahrung sammeln zu können und das erlernte Wissen in Übungen und Simulationen anzuwenden. Diese Voraussetzung scheint bei deutschen Feuerwehren bedauerlicherweise zunehmend schlechter zu werden.

Das Buch soll hier einen Beitrag leisten und auf die Schwierigkeiten aufmerksam machen, die auf den Einsatzleiter sowie die Mannschaft im Einsatz zukommen könnten. Es soll aber auch zeigen, welche Möglichkeiten es gibt, wenn die Maßnahmen des Vorbeugenden Brandschutzes auf die des abwehrenden Brandschutzes abgestimmt werden.

Neuralgische Punkte sind immer wieder die Wasserversorgung bzw. Schwierigkeiten beim Gebrauch von Löschwasseranlagen und Wandhydranten, Probleme, welche durch die Entfernung der Brandstelle zum Aufstellplatz der Fahrzeuge entstehen, sowie das Erhalten der Rettungswege.

Die gewonnenen Erkenntnisse kann der Leser in der Regel auch auf andere komplexe Gebäudestrukturen anwenden, beispielsweise bei Großkliniken, Bürogebäuden unterhalb der Hochhausgrenze, Kaufhäusern oder Industrieanlagen.

Literaturverzeichnis

Albers K.-J., Rahn B: *Strömungsverhältnisse in einem Sicherheitstreppenraum, Einfluss der Thermik*, TAB 1/2003, 2003.
AFP: *Ein Toter bei spektakulärem Hochhausbrand in Peking*, Tagesspiegel 2009.
Bachmeier P.: *Ergebnisbericht der Übung Olympiaturm*, Berufsfeuerwehr München, 2002.
Bachmeier P., Maiworm B.: *Prüfung der Feuerwehrbelange bei Feuerwehraufzügen in der Landeshauptstadt München*, Entwurf, Stand 12/2008, 2008.
Bayerische Bauordnung (BayBO) in der Fassung vom 14. August 2007.
Bayerisches Rotes Kreuz: *Handbuch für Einsatzkräfte*, 4. überarb. Aufl. 2006, S. 27 ff.
Bayerisches Staatsministerium des Innern: *Bauaufsichtliche Behandlung von Hochhäusern*, Bekanntmachung des Bayerischen Staatsministeriums des Innern vom 25. Mai 1983.
Bailey C., University of Manchester: *Building Fires: Case Studies: Historical Fires: Windsor Tower Fire*, 2006 [online] unter http://www.mace.manchester.ac.uk.
Bauministerkonferenz: *Musterbauordnung (MBO)*, Fassung November 2002.
Berufsfeuerwehr Frankfurt am Main: *Strategisches Konzept »Einsätze in Hochhäusern«*, 2005.
Berufsfeuerwehr München: *Brandschutztechnische Festlegungen für Baustelleneinrichtungen*, 2002.
Berufsfeuerwehr München: *Einsatzprotokoll Einsatz Schwanthalerstraße vom 5. Mai 2007*.
Berufsfeuerwehr München: *Kommunikationskonzept zum Hochhauskonzept: Poster Hochhausbrandbekämpfung, Grundlagen und Hochhausbrandbekämpfung Taktik*, 2007.
Berufsfeuerwehr München: *Lehrunterlage Hochhausbrandbekämpfung*, 2007.
Berufsfeuerwehr München: *Lehrunterlage Rauchfreihaltung und Entrauchung von Einsatzstellen*, 2009.
Berufsfeuerwehr New York: *Firefighting procedures high-rise office buildings*, 1997.
Boyle D.: *Grenfell Tower victimspoisoned by caynide after insulation released highly toxic gas*. Telegraph, 22.06.2017.
Brokk AB: *Press Information, The demolition of the Windsor Tower*, Madrid 2006.
Bryan J. L.: *Human Behavior and Fire*. In: NFPA Handbook, Section 7, Chapter 1, NFPA, Quincy, 1992.
Cox C.: *Exit strategies, mass evacuation and high-rise*, S. 17–19, Fire and Rescue, Hemming information service, 12/2008.
Demers D. P.: *Hotel fire, Las Vegas, NV, February 10, 1981*. NFPA, Quincy, MA. 1981.
DIN 14461-1:2016-10: *Feuerlösch-Schlauchanschlusseinrichtungen – Teil 1: Wandhydranten mit formstabilem Schlauch*, Oktober 2016.
DIN14462:2012-09: *Löschwassereinrichtungen – Planung und Einbau von Wandhydrantenanlagen und Löschwasserleitungen*, September 2012.
DIN EN 81-72:2015-06: *Sicherheitsregeln für die Konstruktion und den Einbau von Aufzügen – Besondere Anwendungen für Personen- und Lastenaufzüge – Teil 72: Feuerwehraufzüge*, Juni 2015.
DIN VDE 0180, Beiblatt 1: *Richtlinie über Brandschutztechnische Anforderungen an Leitungsanlagen*.
Dirección general de emergencias Madrid: *Área de seguridad y servicios a la comunidad*, Subdirección General de Bomberos, 2006.
Dunn R.: *AGE-Fachbeiträge Gefahren bei der Hochhausbrandbekämpfung, Deputy Fire Chief, City of New York Fire Department*. In: BRANDSchutz/Deutsche Feuerwehr-Zeitung 9/1996.
Dunn R.: *Firefighting in Stairways*, Newsletter, 2005.
Fachausschuss Vorbeugender Brand- und Gefahrenschutz der deutschen Feuerwehren (FA VB/G): *Positionspapier zum*
Vorbeugenden Brand- und Gefahrenschutz, 2017-1 [online] unter: http://www.feuerwehrverband.de/fileadmin/Inhalt/FACHWISSEN/Positionen/2017-1_Positionspapier_zum_VBG_der_Feuer¬wehren_Version_1.1.pdf

Literaturverzeichnis

Fachkommission Bauaufsicht, Projektgruppe MHHR: *Muster-Hochhaus-Richtlinie Erläuterung*, Stand 2005.
Fakussa T.: 040-03, HPL, Part 2, *Basic Aviation Psychology (Flugpsychologie), JAR-CLP(H), Civil Aviation Training*.
Feuerwehr-Dienstvorschrift (FwDV) 3: *Einheiten im Lösch- und Hilfeleistungseinsatz*.
Feuerwehr-Dienstvorschrift (FwDV) 7: *Atemschutz*.
Feuerwehr-Dienstvorschrift (FwDV) 100: *Führung und Leitung im Einsatz*
Feuerwehr Düsseldorf: *Lernunterlage der Feuerwehrschule Nr. 5.213/11, Fachgebiet Atemschutz, Thema Hilfsmittel am PA*.
Feuerwehr Düsseldorf: *Standard-Einsatz-Regel (SER) Nr. 2, Brände in Hochhäusern (Gebäude mit mehr als 8 Etagen)*, 2005.
Feuerwehr Stuttgart: *Pressebericht zum Hochhausbrand vom 2. März 2008 im Stuttgarter Stadtteil Mönchfeld*.
Finteis T., Oehler J. C.: *Stressbelastung von Atemschutzgeräteträgern*. In: BRANDSchutz/Deutsche Feuerwehr-Zeitung 5/2003.
Fire Department City of New York: *FDNY Probationary Firefighters Manual Vol. 1, 2016*.
Friedl W., Scelsi A.: *Gebäuderäumungen, Organisation – Vorbereitung – Profi-Tipps*, Richard Boorberg Verlag, 2004.
Grimwood P.: *Are the courts getting fire service liability right?* Universität Kent, 2005.
Grimwood P.: *Euro Firefighter, Global Firefighting, Strategies and Tactics, Command and Control – Firefighter Safety*, 2008.
Groves A.: *Cook County Administration Building Fire*, Chicago October 17, 2003.
Hachtel W.: *Persönlicher Bericht zum Hochhausbrand in Stuttgart*, 2009.
Hegger, J., RWTH Aachen: *Hochhäuser: entwerfen, Planen, Konstruieren. Tagungsband 30, 31.03.1995, Lehrstuhl und Institut für Massivbau*, 1995.
Heeresdienstvorschrift (HDV) 100: *Truppenführung von Landstreitkräften*, 2007.
Herzog T., Krippner R., Lang W.: *Fassadenatlas*, Birkhäuser, 2004.
Hille, H.: *Brandursachenermittlung*, Verlag für Polizeiwissenschaft, 2007.
Ingenhoven C.: *Typologische Aspekte im Hochhausbau*, Detail, 9/2007, Institut für internationale Architekturdokumentation GmbH & Co. KG, 2007.
International Workshop on Emergency Response and Rescue: *Collapse Mechanism of the Windsor Building by Fire in Madrid and the Plan for its Demolition Process*, 2005.
Jennings C.: *Five-Fatality High-rise Office Building Fire Atlanta, Georgia United States Fire Administration, Technical Report Series, National Fire Data Center*, 1991.
Joos W.: *Das Hochhaus aus Sicht des Architekten, Sicherheitsstandards in der Planung und Gestaltung von Hochhäusern*, JSK Intern, Architekten und Ingenieure GmbH, VII. Baurecht & Brandschutz-Symposium in Frankfurt am Main, 5. Februar 2003.
Kaltenbrunner R.: *Ikonen des Fortschritts – Triebkräfte, Ästhetik und Wirkung von Hochhäusern, Konzept-Hochhäuser*, Detail, 9/2007, Institut für internationale Architekturdokumentation GmbH & Co. KG, 2007.
Kemper H.: *Vorbeugender Brandschutz, Fachwissen Feuerwehr*, ecomed Verlagsgesellschaft, 2003.
Kerr S. A.: *Global high challenges*, Seite 57, Fire and Rescue, Hemming information service, 05/2009.
Kieslich, von Kaufmann F.: *Hochhausbrand in Madrid – Lessons Learned*. In: 112Intern (Mitarbeiterzeitung der Branddirektion München) 1/2009.
Klammer E. G.: *Einsatztaktik bei Hochhausbränden*, Berufsfeuerwehr Wien, Stand 2000.
Löbbert A., Pohl K. D., Thomas K. W.: *Brandschutzplanung für Architekten und Ingenieure*, 4., überarbeitete Auflage, Rudolf Müller Verlag, 2004.
Matzing G.: *Es ist die Höhe, Abschied und Aufbruch*, Beilage der Süddeutschen Zeitung vom 11. November 2008.
Mc Grail: Firefighting Operations in High-Rise ans Standpipe-Equipped Buildings, Fire Engineering, PenWell, Tusla, 2007.

Literaturverzeichnis

Messerer J., Klingsohr K.: *Vorbeugender baulicher Brandschutz*, 7. überarbeitete und erweiterte Auflage, Verlag W. Kohlhammer, 2005.

Meyer zu Knolle S.: *Die gebändigte Vertikale, Materialien zum frühen Hochhausbau in Frankfurt*, Fachbereich Neuere deutsche Literatur und Kunstwissenschaften der Philipps-Universität Marburg, 1998.

Moncada J. A.: *Fire Unchecked, Fire spreads in South America's tallest high-rise building in Caracas, Venezuela, because its sprinkler system had not been properly tested or maintained*, NFPA Journal, 2005.

Münchner Rückversicherungs-AG: *High Rise Buildings*, 2000.

Reick M.: *Mobiler Rauchverschluss*, Die Roten Hefte/Ausbildung kompakt Nr. 212, 4., überarbeitete und erweiterte Auflage, Verlag W. Kohlhammer, 2015.

Reick M.: *Brand im Grenfell Tower – erste Erkenntnisse*. In: BRANDSchutz/Deutsche Feuerwehr-Zeitung 10/2018.

Reuters: *Mehrere Arbeiter sterben bei Hochhausbrand*, Spiegel online, 2007 [online] unter: http://www.spiegel.de/panorama/dubai-mehrere-arbeiter-sterben-bei-hochhausbrand-a-460636.html.

Ross R., Mitschker J.: *Belastung beim Aufstieg in einem Hochhaus durch den Treppenraum*. In: BRANDSchutz/Deutsche Feuerwehr-Zeitung 2/2005.

Routly J. G.: *Interstate Bank Building Fire Los Angeles*, California U. S. Fire Administration/Technical Report Series USFA-TR-022/May, 1988.

Routley J. G.; Jennings, C.; Chubb, M.: *High-rise Office Building Fire, One Meridian Plaza Philadelphia, Pennsylvania (February 23, 1991)*, Federal Emergency Management Agency, United States Fire Administration, National Fire Data Center, 1991.

Schediwy R.: *Städtebilder – Reflexionen zum Wandel in Architektur und Urbanistik*, Wien, 2005.

Schmid F.: *Einsatz- und Führungslehre für Örtliche Einsatzleiter in Bayern*, 3. Auflage 2007, SFS Geretsried.

Schuler D.: *Actions on High-Rise Buildings due to Aircraft Impact an Assessment of structural Safty for such Hazards*, Bürkel Baumann Schuler AG, 2003.

Schulz S.: *Warnung vor »No-Go-Areas«, Internationale Reiseführer zeigen ein getrübtes Bild von Berlin – Tourismus GmbH steuert gegen schlechten Ruf an*, Welt-Online, 3. Mai 2006 [online] unter: https://www.welt.de/print-welt/article214156/Warnung-vor-No-Go-Areas.html.

Sobek W.: *Ingenieursporträt über Fazlur Rahman Kahn*, db deutsche Bauzeitung 05/2008, Tragwerksplaner, Konradin Medien GmbH, 2008.

Souchon L.: *Carl von Clausewitz – Die Hauptlineamente seiner Ansicht vom Kriege*, Internationales Clausewitz-Zentrum, Führungsakademie der Bundeswehr, Clausewitz-Information 3/2007.

Stadt London: *LESLP Manual (London Emergency Services Liaison Panel)*, 6th Edition, July 2004.

Stein J.: *Verhalten von Menschen bei Bränden*. In: BRANDSchutz/Deutsche Feuerwehr-Zeitung 4/1999.

Teßmer F.: *»Diese Richtung wie ich zeige…«. Über den Einsatz von Streitkräften*, Justus von Liebig Verlag, 2002.

Thomas A. P., Van Leeuwen P.: *The Skyward Trend of Thought*. Amsterdam, 1986.

Trepesch D.: Persönlicher Bericht über den Einsatz Schwanthalerstraße am 5. Mai 2007.

U. S. Fire Administration: *High Rise Fires, Topical Fire Research Series*, Volume 2 Issue 18, 2002.

U. S. Fire Administration: *New York City Bank Building Fire: Compartmentation vs. Sprinklers*, Technical Report Series, Federal Emergency Management Agency, National Fire Data Center, 2008.

U. S. Fire Administration: *Special Report: Operational Considerations for High Rise Firefighting*, Technical Report Series USFA-TR-082/April 1996.

U. S. Fire Administration: *Tactical Guidelines Emergency Operations Manual, High Rise Operations*, 2008.

U. S. Fire Sprinkler Reporter: In High-rise Fire Sprinklers Beat Compartmentation – Hands Down, April 1992, pp. 1, 5-7.

Vath S.: *Bericht zum Einsatz Schwanthalerstraße am 5. Mai 2007*.

Von Clausewitz C.: *Vom Kriege*, Dümmlers Verlag, Bonn, 1980.

Literaturverzeichnis

Von Kaufmann F., Schmid F.: *Das modifizierte Münchener Konzept zur Hochhausbrandbekämpfung.* In: BRANDSchutz/Deutsche Feuerwehr-Zeitung 7/2007.

Von Kaufmann F., Schmid F., Weber G.: *Stabsarbeit, Lehrunterlage zur Ausbildung im gehobenen feuerwehrtechnischen Dienst in Bayern*, 2008.

Wurst A. X.: *Heiße Nächte in Paris*, ZEIT online, 4. November 2005 [online] unter: https://www.zeit.de/online/2005/45/paris.